이소연의 **우먼 인 스페이스**

과학하고 앉아있네 10
이소연의 우먼 인 스페이스

ⓒ 원종우·이소연, 2018. Printed in Seoul, Korea.

초판 1쇄 펴낸날	2018년 10월 10일
초판 2쇄 펴낸날	2019년 6월 26일
지은이	원종우·이소연
펴낸이	한성봉
책임편집	최창문
편집	안상준·하명성·이동현·조유나·박민지
디자인	전혜진·김현중
마케팅	박신용·강은혜
기획홍보	박연준
경영지원	국지연
펴낸곳	도서출판 동아시아
등록	1998년 3월 5일 제1998-000243호
주소	서울시 중구 소파로 131 [남산동 3가 34-5]
페이스북	www.facebook.com/dongasiabooks
전자우편	dongasiabook@naver.com
블로그	blog.naver.com/dongasiabook
인스타그램	www.instagram.com/dongasiabook
전화	02) 757-9724, 5
팩스	02) 757-9726
ISBN	978-89-6262-244-7 04400
	978-89-6262-092-4 (세트)

이 도서의 국립중앙도서관 출판예정도서목록(CIP)은
서지정보유통지원시스템 홈페이지(http://seoji.nl.go.kr)와
국가자료공동목록시스템(http://www.nl.go.kr/kolisnet)에서
이용하실 수 있습니다. (CIP제어번호 : CIP2018031041)

과학하고
앉아있네

파토 원종우의 과학 전문 팟캐스트

10

이소연의
우먼 인 스페이스

| 원종우 · 이소연 지음 |

동아시아

사회자
원종우

딴지일보 논설위원이라는 직함도 갖고 있다. 대학에서는 철학을 전공했고 20대에는 록 뮤지션이자 음악평론가였고, 30대에는 딴지일보 기자이자 SBS에서 다큐멘터리를 만들었다. 2012년에는 『조금은 삐딱한 세계사: 유럽편』이라는 역사책, 2014년에는 『태양계 연대기』라는 SF와 『파토의 호모 사이언티피쿠스』라는 과학책을 내기도 한 전방위적인 인물이다. 과학을 무척 좋아했지만 수학을 못 해서 과학자가 못 됐다고 하니 과학에 대한 애정은 원래 있었던 듯하다. 40대 중반의 나이임에도 꽁지머리를 해서 멀리서도 쉽게 알아볼 수 있다. 과학 콘텐츠 전문 업체 '과학과 사람들'을 이끌면서 인기 과학 팟캐스트 〈과학하고 앉아있네〉와 더불어 한 달에 한 번 국내 최고의 과학자들과 함께 과학 토크쇼 〈과학같은 소리하네〉 공개방송을 진행한다. 이런 사람이 진행하는 과학 토크쇼는 어떤 것일까?

대담자
이소연

우리나라 최초이자 현재까지 유일무이한 우주인이다. 2008년 러시아 소유스 로켓에 타고 국제 우주정거장에 도착해 9박 10일간 머무르며, 인류 역사상 475번째의 우주인이 되었다. 무척 긍정적이고 열정적인 성격이라, 그런 점이 우주에까지 그녀를 이끌었을 것이다. 귀환 이후 여러 가지 구설과 낭설에 휘말리기도 했지만 대부분 사실이 아니라는 점이 밝혀지고 있다. 여전히 대한민국 국민이자 유일한 우주인으로 사명감을 간직하고 있으며, 소중한 자신의 경험이 앞으로 국내 우주탐사 계획에 활용될 수 있기를 바라고 있다.

보조진행자
최팀장
K박사
K2박사
이용 기자

* 본문에서 사회자 **원종우**는 '원', 대담자 **이소연 박사**는 '연', 보조진행자 **최팀장**은 '최', K박사는 'K', K2 **박사**는 'K2', **이용 기자**는 '용'으로 적는다.

차례

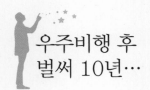

우주비행 후 벌써 10년…

　인쇄되어 나올 글을 쓰는 건 오랜만이다. 한국에서 활동할 당시에는 신문에 칼럼도 연재하고, 라디오 방송에서 과학에 대한 이야기도 했었는데, 어느덧 미국에서 삶을 시작한 지도 5년이 넘어가다 보니 한글로 이런 글을 쓰는 일이 조금은 어색하고, 조심스러워지기까지 한다.

　팟캐스트로 녹음한 내용이 책으로 출판된다는 이야기를 듣고 조금 놀랐다. 첫 번째는 '그렇게 수다 떨듯 한 이야기가 과연 질적으로, 또 양적으로 충분한 책이 될까?'라는 의문 때문이었다. 두 번째로 '아직 한 번도 우주에 다녀온 이야기를 책으로 낸 적은 없는데, 괜찮을까?'라는 걱정이 들었다. 우주에 다녀온 이후, 우주비행 이야기를 책으로 내자는 제안이 많이 있었지만 왠지 모르게, 시간이 좀 충분히 지난 뒤 써야 할 것 같다는 생각에 미루다 보니 어느새 벌써 10년이 지났다.

출판사에서 녹취록을 엮어 보내준 글을 손보다가 문득 '어쩌면 나에게 책을 쓰는 것에 대한 트라우마가 있었을 수도 있겠다'라는 생각도 들었다. 미국으로 유학 나오기 직전, 학창시절 이야기를 다룬 『열한 번째 도끼질』이라는 책을 냈다. 요즘은 책의 내용 자체도 중요하지만, 출판 후 저자의 활동도 책의 성패에 큰 영향을 미친다는데, 난 책이 세상에 나오기도 전에 한국을 떠나왔다. 직접 쓴 글을 출판해야 한다는 나름의 고집으로, 나도 출판사도 고생했던 몇 달이었는데, 마무리가 아쉬웠다. 이 경험이 책을 출판한다는 것에 대한 트라우마를 만들어버린 것 같기도 하다.

이번엔 직접 글을 쓰는 게 아니라, 팟캐스트에서 이야기한 내용을 녹취해서 만든 책이라는 점이 어쩌면 그 트라우마를 이길 핑계가 되기도 했다. 한편으로는 무언가에 다시 도전해보는 전환점이 될 수도 있겠다는 생각에 제안을 받아들이게 된 것 같다.

10년 전의 우주비행을 돌아보는 것은 신나는 일인 동시에 그간의 어려운 시간들이 다시 떠오르는, 아주 힘든 일이기도 했다. 한국행 비행기를 타는 그 순간까지도 우주비행 10주년을 기념하기 위해 한국으로 돌아간다는 사실이 무섭고 두려웠다. 하지만 〈과학하고 앉아있네〉 팟캐스트 녹음을 하면서 '아직도 내 이야기를 듣고 싶어 하는 사람들이 있구나' 하는 생각이 들었다. 녹음실에 같이 앉아계셨던 원종우 대표님, 최 팀장님, K박사님, K2박사님 그리고 이용 기자님이 보여주는 호기심만으로도 너무 감사했다. 미국에서 소식만 간신히 전해 듣고, 언론의 오보로 오해가 쌓여 우울하던 땐, 왠지 한국에는 내 이야기를 들어줄 사람이 아무도 없을 것만 같았기 때문이다. 그렇게 '과학과 사람들'과 나누는 이야기로 시작한 나의 우주비행 10주년은, 참 감사하고 의미 있는 시간이 되었다.

ISS까지 400여 킬로미터. 대한민국의 남쪽 끝에서 북쪽 끝까지를 연결한 거리보다도 훨씬 짧은 거리인데도 굉장히 멀리 다녀온 느낌이다. 우주에 다녀온 사람은 아직도 전 세계에서 500명 남짓에 불과하다. 흔히 '달나라에 다녀오신 분이죠?'라고 오해를 받는데, 우리 500여 명 중 고작 스물네 명만이 지구 궤도를 벗어나 달 궤도까지 다녀왔고, 그중에도 절반인 열두 분만이 달에 발을 디뎠다. 그러다 보니 나처럼 지구 궤도에 올라갔다 왔을 뿐인 대부분의 우주인은 그 열두 분이 참 부럽고 신기하다. 하지만 이런 내가 아직까지 대한민국에 유일한 우주비행 경험자다. 그렇기에 짧은 경험이지만 어떻게 더 나누고, 더 잘 쓸 수 있을까를 고민할 수밖에 없다. 그리고 이 고민과 노력이 더 많은 미래의 과학자들을 불러내고, 머지않은 미래엔 나와 함께 고민할 우주인 후배들도 있었으면 하는 바람이다.

우주에서 외쳤었다. "과학강국 우주강국 대한민국 파이팅!"
이라고….

  우주인을 보유한 나라, 직접 만든 발사체를 궤도로 쏘아 올린
나라가 많지 않음을 생각할 때, 대한민국은 벌써 과학강국이자
우주강국이다. 하지만 잠깐 우주에 다녀온 내가 달에 다녀오거
나 비행 경험이 많은, 다른 우주인들을 바라보듯, 대한민국도
다른 행성에 무언가를 보내고, 더 먼 우주로 나아가는 우주강국
을 꿈꾸고 있으리라.

  몇 년 전 한국을 떠나올 때와 달리, 과학에 대해 이야기하는
팟캐스트가 생기고 여기저기 대중들과 함께하는 과학 관련 강
연도 성황리에 열리는 것을 보면, 우리가 꿈꾸는 우주강국 대한
민국이 머지않았다는 생각도 든다. 우주인에 지원할 당시 내 지
원 동기는 '대한민국 공학자로서 우리나라 과학기술의 역사적
사건과 함께하고 싶다'였다. 앞으로 또 어떤 역사적 사건이 대
한민국과 우주 사이의 거리를 좁히게 될지는 모르겠지만, 그 역
사적 사건들과 함께할 수 있었으면…. 그 속에서 같이 울고 같
이 웃으며 우리 모두가 한 걸음씩 나아갔으면….

태평양의 반대편에서
이소연

우주인,
대한민국에 내려서다

원— 말도 많고 탈도 많았던 텐궁 1호가 드디어 지구에 추락했습니다. 한국에 떨어질 수도 있다며 언론에 오르내렸잖아요. 그런데 한국에 떨어질 확률이 무려 3,600분의 1이었다죠?

K— 천문연구원에서는 감시센터까지 동원해서 추이를 주시하고 있었어요.

최— 멋있었어요.

원— 뭐가요?

최— 지구에 추락하는 물체를 감시하기 위해 우주환경감시센터를 조직한 거요.

원— 우리나라에서 기존에 만들었었죠. 웹사이트도 운영하고 있더라고요. 어쨌든 미국 합동우주작전본부에서 2018년 4월 2일 월요일 낮 12시 16분(UTC)에 떨어졌다고 공식 발표를 했습니

분해
고도 78km

파편

지상충돌범위

70km

2000km

© 한국천문연구원

• 우주환경감시센터에서는 우주에서 추락하는 물질의 궤도 등을 분석해
추락 범위를 산정한다 •

다. 한국 시간으로는 오전 9시 16분이요. 남위 13도 36분, 서
경 164도 18분 지점에 추락했대요. 그런데 이렇게 말하면 어딘
지 모르시겠죠? 남태평양 칠레 앞바다에 떨어졌다고 합니다.
원래 예측은 칠레를 지나서 남대서양에 떨어질 거라고 생각했
는데, 그것보단 몇천 킬로미터 앞에 떨어졌어요. 약간 어긋났
죠. 그래도 오차 범위 안이었다고 하네요.

용— 그럼 칠레 사람들이 위기의식을 느꼈어야 하는 상황이었던
건가요?

원— 글쎄 잘 모르시지 않았을까요?

최— 우리나라에 떨어질 거라고 추측하기도 했잖아요.

원— 떨어질 가능성이 있다고 했었죠.

K— 확률이 0은 아니란 뜻이었어요.

원— 그런데 확률이 0은 아닌 건 우주에 굉장히 많잖아요. 8시 47분부터 7분 동안 우리나라 인근 상공을 지나기도 했대요. 그런데 인근 상공이라는 것도 굉장히 넓은 범위였겠죠?

K— 아마도 그랬을 거예요.

원— 어쨌든 말도 많고 탈도 많은 톈궁이 아무 피해 없이 지구로 돌아왔습니다.

K— 대부분 타고 남은 부분만 바다에 떨어졌어요.

최— 하늘에서 떨어지는 모든 것이 다 대부분 타고 바다에 떨어지죠?

원— 그렇죠. 그래도 마음을 마냥 놓을 순 없었는데, 다들 아시다시피 시베리아 퉁구스카 공중폭발 사건 같은 일이 생길 수도 있으니까요.

용— 그 사건에서 폭발한 외부 물질은 우주선은 아니었죠?

원— 일반적으론 혜성이라고 추측해요. 아무튼 그런 사건도 있었고 심지어 톈궁은 지구 궤도를 돌고 있었으니까 더 주의해야 했다고 생각해요.

K— 맞아요.

최— 작년인가 'ISS의 묫자리를 봐놨다'라는 식의 기사도 봤어요.

원― 풍수에 기초한 건가요?

최― 기사 제목이 너무 웃겨서 자세히 봤었는데 무슨 내용이었냐면 떨어뜨릴 자리를 봐놨다는 내용이었어요. ISS도 언젠가는 다 쓰고 어딘가에 떨어뜨려서 없애야 하니까 그걸 찾고 있었는데 드디어 적당한 자리를 찾았다는 내용이었어요.

원― 저는 풍수지리에 따라, ISS의 생년월일을 가지고 묏자리를 찾았나 싶었어요.

텐궁 1호 텐궁天宮 1호는 중국 최초의 우주정거장이다. 중국 주취안위성발사센터에서 2011년 9월 29일 발사되었으며, 무인, 유인 우주선과의 도킹 연습을 목적으로 계획되었다. 당초 2년 수명으로 계획되었으나, 예정보다 수명을 3년 가까이 연장하여 지구 궤도에서 머물다가 2016년 9월부터 통제 불능 상태에 돌입하여 지구로 추락했다. 낙하 도중 분리된 파편이 대기에서 미처 다 타지 않고 지구 표면에 떨어질 가능성이 있었기 때문에, 낙하가 예상되는 범위 내의 국가들은 한때 경계 상태에 돌입하기도 했다. 중국은 텐궁 1호의 발사로 러시아, 미국에 이어 세계 세 번째 우주정거장 발사국이 되었다.

시베리아 퉁구스카 공중폭발 사건 1908년 6월 30일 오전 7시 17분, 시베리아 크라스노야르스크 지방의 포트카멘나야 퉁구스카 강 유역 북위 60도 55분 동경 101도 57분 지점의 산림 지대에서 지구에 접근한 천체 물체가 낙하하다가 공중에서 폭발한 사건이다. 폭발한 물체에 대한 여러 가설이 제기되어왔으나 소행성이나 혜성 충돌이었다는 설이 유력하다. 폭심지 주변 수천 제곱킬로미터 지역의 산림이 피해를 입었고, 당시 450킬로미터 떨어져 있던 열차가 전복 당하거나, 일시적인 백야 현상이 일어났다는 기록이 전해진다.

용─ 저도 그런 말인 줄 알고 깜짝 놀랐네요.

최─ 못자리라는 말은 제가 갖다 붙인 말이에요. ISS는 태평양 어딘가에 떨어뜨릴 거라고 하더라고요.

원─ 중국이 톈궁이 떨어진다고 언급하면서 SF영화처럼 떨어질 일은 없지만, 우주 운석이나 유성쇼 같은 멋진 우주쇼를 보게 될 것이라 논평을 했더라고요. 중국은 톈궁 추락을 중국이 우주 탐사를 많이 한다는 걸 전 세계인에게 널리 알리는 계기로 삼으려 했던 거 같아요.

용─ 부럽더라고요.

K─ 실제로 효과도 있었어요. 톈궁이 검색어 1위에 올랐거든요.

ISS　ISS는 International Space Station의 약자로 국제우주정거장을 말한다. 러시아와 미국을 비롯한 16개의 ISS 참여국이 함께 모듈을 만들고, 고도 300~400킬로미터의 지구 궤도에서 축구장 크기의 구조물을 조립하는 방식으로 진행되었다. 1998년 11월 러시아에서 자랴Zaryá 모듈을 발사하는 것으로 시작하여, 이후 생명유지장치와 비행제어 장치를 실은 핵심 모듈인 즈베즈다Vezda 모듈, 각 모듈을 연결시키는 기능을 담당하는 유니티Unity 모듈, 태양 전지판, 무중력 상태에서의 과학 실험을 담당하는 데스티니Destiny 모듈, 로봇 팔 등이 발사돼 조립되기 시작하였다. 2013년 러시아의 마지막 과학 모듈 나우카Nauka를 도킹하는 것으로 조립 계획이 종료되었다. ISS는 지구 저궤도에 속하는 400킬로미터 고도에 떠 있으며, 시속 2만 7,743.8킬로미터의 속도로 매일 지구를 15.7바퀴 돌고 있다. http://www.ustream.tv/channel/live-iss-stream을 통해 ISS의 실시간 영상을 볼 수 있다.

용— '중국이 우주정거장을 쏘아 올리는구나'라는 걸 전 세계가 알게 됐죠.

원— 사실 우리는 중국이 로켓 쏘는 것도 몰랐어요. 관심도 없었고요. 그런데 중국은 2016년에 미국하고 같은 수의 로켓을 쏘아 올렸고, 2017년에는 전 세계에서 가장 많은 로켓을 쏘아 올렸어요. 중국에서 말하는 과학 굴기라는 게 빈말이 아니었단 거죠. 텐궁 이야기가 길어져서 의아해하시겠지만, 오늘 모신 분이 텐궁이랑 굉장히 비슷한 경험을 하신 분이에요. 우주에 갔다가 지구로 추락하셨어요. 하지만 다행히 소멸하지 않고 잘 살아남으셨습니다.

최— 지금 스튜디오에 코스모cosmo의 기운이 가득합니다.

용— 우주의 기운인가요?

원— 진짜 우주의 기운은 정말로 우주에 갔다 온 사람만이 풍길 수 있는 거겠죠? 오늘은 정말 특별한 분을 모셨습니다.

최— 저 오늘 아침에 일어날 때부터 굉장히 떨렸어요. 아까 악수하고선 엄마한테 "엄마, 나 오늘 누구랑 손도 잡았어"라고 자랑

과학 굴기 과학 굴기崛起는 중국이 미국·일본·유럽 등 선진국보다 뒤떨어진 기초과학 분야에 대규모 투자를 감행하여 과학강국으로 거듭나려는 계획을 말한다. 중국은 한 해에 40개의 로켓을 쏘아 올리거나, 둘레 500킬로미터 규모의 초거대 입자 가속기 건설 계획을 추진하는 등, 막대한 자금을 투자해 과학굴기에 박차를 가하고 있다.

하는 메시지도 보냈어요.

원— 〈과학하고 앉아있네〉가 처음 시작할 때는 이런 날이 올 거라고 생각조차 못했습니다. 주인공을 모시겠습니다. 대한민국 최초의 우주인, 이소연 박사님이십니다.

연— 안녕하세요. 대한민국 우주인 이소연입니다.

최— 오늘 분위기가 평소와 아주 달라요. 약간 흥분된 감이 있어요.

원— 우리 방송에 별의별 사람이 다 나오잖아요. 누가 나오시더라도 긴장했던 적이 별로 없었어요. 심지어 장관님이 잠깐 참관하셨는데, 그때 장관님이 저한테 명함을 주셨거든요. 근데 제가 떨어뜨려서 장관님이 다시 주워주셨어요.

최— 진짜 부자도 나왔었잖아요.

원— 재산이 조 단위인 부자가 나오셨을 때도 긴장 안 했던 거 같아요.

K— 놀라울 정도로 긴장이 안 됐어요.

원— 근데 지금은 긴장이 좀 됩니다.

K— 첫 방송 하는 기분이에요.

K2— 저희 중 가장 높은 곳까지 갔다 오신 분.

원— 다들 가장 높은 곳 어디까지 갔다 오셨어요?

K2— 저는 한라산이요.

최— 저는 런던아이London EYE?

원— 전 해발 5,600미터 에베레스트 베이스캠프.

K— 저는 하와이의 마우나케아요. 해발 4,000미터.

원— 에베레스트 베이스캠프에서 고산병이 걸려서, 4,500미터 지점에서 회복하고 내려왔어요.

용— 저는 지리산 노고단.

K2— 우주 다녀오신 분 앞에서 우리 전부 도토리 키 재기 중인데요?

최— 제가 죽기 전에 꼭 보고 싶은 거 두 가지가 있어요. 하나는 주마등이고요, 하나는 그 ISS에서 보는 동그란 지구예요. 그런데 주마등을 말하면 사람들이 비웃거든요? 그런데 동그란 지구는 공감하는 사람들이 종종 있어요. 오늘 모신 분은 제가 보고 싶은 두 가지 중의 하나를 보고 오신 분이에요. 되게 떨리네요.

원— 흥분해서 우리끼리 너무 오래 떠들었네요.

연— 이렇게 환영해주셔서 감사합니다.

원— 이소연 박사님이 한국에 오셨습니다. 오늘은 오랜만에 한국에 오신 이소연 박사님을 모시고 그동안 궁금했던 것들을 모조리 묻고 들어보도록 하겠습니다. 이런 기회가 흔치 않으니 이참에 어디서도 못 할 이야기들 다 해보죠. 저는 이것부터 여쭤보고 싶어요. 우리나라 국민들은 이소연 박사님이 우주에 갔다 온 건 알지만, 우주에 간다는 일이 얼마나 위험한 일이었는지에 대해서는 인식하지 못하는 거 같아요. 박사님, 돌아올 때 순탄

치 않았다면서요?

연— 그랬죠. 사실 저는 안전하게 내려올 거라고 기대할 수밖에 없던 상황이었어요. 왜냐하면 저희 팀 전에 우주에 다녀온 팀이 내려오면서 사고를 겪었거든요. 제가 출발하기 6개월 전. 그래서 똑같은 사고를 반복하지 않기 위해서 무지하게 대책 세우고, 노력하고, 점검하고 그랬었어요. 이렇게 만반의 준비를 하는 모습을 보고 우주로 갔기 때문에 설마 또 사고가 나겠냐고 생각했어요. "앞 비행 때 <u>탄도 궤도</u>로 귀환했다던데 너 어떡하냐?" 라고 걱정하길래, '에이, 설마 두 번 연속으로 그런 일이 생기겠어? 러시아 우주탐사 역사 50년 동안 사고가 다섯 손가락 안에 꼽히는데, 두 번 연속 일어날 확률이 얼마나 되겠어?'라며 가볍게 생각했어요. 저뿐만 아니라 러시아, 미국 사람들도요. 우리가 운전할 때 전광판에 하루 교통사고 양을 눈으로 봐도 내 일처럼 안 느끼잖아요. 마찬가지로 우주인도 대부분 살아 돌아오기 때문에 사고가 날 거란 생각을 잘 안 해요. 사실 그런 생각이

탄도 궤도   물리학에서 말하는 이상적인 탄도 궤도 운동은, 공기 저항 등의 외부적인 요인 없이, 중력의 영향만을 받는 상태로 공중에 던져진, 혹은 쏘아진 물체의 운동을 의미한다. 우주선 귀환 모듈이 지구로 재진입할 때는 낙하산 등의 외부 작용으로 지상과의 일정한 각도(30도)를 유지해야 한다. 그러지 못하고 거의 중력의 영향만을 받아 수직에 가깝게 강하하게 되는 것을 탄도 궤도라고 칭하며, 이 경우 우주인들에게 가해지는 압력이 두 배 이상 증가한다.

• 백업 우주인들과 함께 소유스 시뮬레이터 내에서 훈련을 받는 이소연 박사 •

들면 비행 못 하죠. 그래서 겁 없이 우주로 갈 수 있었어요. 아까 잠깐 말씀드렸던 것처럼 저도 탄도 궤도로 귀환했었는데요. 그 사고가 났을 때 내려오면서 우주선 캡슐이 분리돼야 하는 시점에 컴퓨터 화면상으로 분리가 성공적으로 이뤄졌다는 신호가 떴어요. '아, 분리됐구나!' 했는데 창밖으로 반짝거리는 게 날아다니는 거예요. 근데 비행 시뮬레이션 훈련을 하면서 제가 커맨더에게 "분리가 무사히 성공하면 분리된 몸체들이 날아가는 게 창밖으로 보이나요?"라고 물었던 적이 있어요. 저희 커맨더가 장난꾸러기라 시뮬레이션 중 모듈 분리 과정이 끝났다는 신호가 화면에 떴을 때 '안녕~' 하면서 창 쪽으로 손을 흔들길래 그런 의문이 들었던 거였어요. 저는 모르니까 무식한 질문인 줄 알면서도 어쩔 수 없었죠. 그랬더니 거의 땅바닥을 구르듯 웃으면서 "바깥에 뭐 보이면 큰일 난다"라고 했었어요. 제가 원래 백업back- up 우주인이었기 때문에 훈련받을 때 좀 더 편하게 훈련을 받았던 덕분이기도 하고요.

원- 그런데 돌아올 때 창밖으로 뭐가 진짜 보였던 거죠?

연- 네. 창밖으로 뭐가 막 반짝거리더라고요. 제가 훈련할 당시 프라이머리 우주인들은 당장 비행을 코앞에 두고 있기 때문에 엄청 예민했어요. 말 한마디 걸기 무서울 정도로. 시일이 다가올수록 긴장되는 분위기는 점점 고조되고, 표정도 굳어 있고요. 그런데 저는 그 사람들이 올라가고 6개월 후에야 올라갈 예정인 백업 우주인들과 함께 훈련을 받았어요. 그분들은 결정적인 훈련을 받는 중이 아니었기 때문에 마냥 신나고 재미있게 훈련을 받으시면서, 저한테 여유있게 설명도 해주실 수 있었죠. 그러더니 훈련 다 받고 집에 갈 때 잠깐 따라오라 하더라고요. 하얀 칠판 앞에 서서 과정 하나하나를 그리면서 설명을 해주시

> **커맨더** 커맨더commander는 ISS에서 지휘관 자격으로 임무를 수행하는 사람을 뜻한다. 일반적으로 한 번에 같은 우주선에 탑승하는 우주인들은 우주에서 수행하는 역할에 따라 네 종류로 구분된다. 우주선의 총 책임자인 커맨더와, 커맨더를 도와 각종 임무를 수행하는 임무 전문가, 우주선에 동승해 각자의 임무를 수행하는 과학자, 그리고 우주 관광객이다. 이소연 박사는 이 중 과학자에 해당한다.

는 거예요. 1시간 넘게. '이렇게 내려오고 이렇게 분리되고 이렇게 갈 거다. 그러니 만약 창밖에 뭔가가 보이면 큰일이다' 하며 거의 추가 훈련을 따로 받았던 기억이 나요. 우주에 가기 전에 이렇게 교육을 받았는데, 재진입 때 실제로 창밖에 뭔가 반짝거리더란 거죠. 그래서 제가 커맨더한테 "창밖에 뭐가 보인다"라고 말했어요. 근데 같이 간 커맨더는 우주비행을 서너 번이나 했을뿐더러, 원래도 유능한 공군 조종사였어요. 게다가 뭐랄까, 약간 반항적인 히어로 같은 성격도 가졌어요. 얼마나 반항적이냐면, 지상에서 자꾸 잔소리해서 귀찮게 느껴질 때면 통신을 그냥 꺼버릴 때가 있었대요. 그리고 자기 일을 다 끝내고 다시 통신을 켜서 '일 끝났다' 통보하는 식이죠. 그래서 제가 정말 조심스럽게 "바깥에 뭐가 보여요"라고 했더니, 어이없다는 표정으로 이러는 거예요. "네가 비행이 처음이고 너무 긴장

프라이머리 우주인 프라이머리 우주인primary astronaut은 우주인 중에 실제로 우주로 올라가는 정규 우주인을 의미한다. 러시아의 우주인 훈련은 모스크바 근교의 가가린 우주 훈련센터에서 진행되며 우주에 방문하는 목적에 따라 우주 관광객, 프라이머리(탑승) 우주인, 백업(예비) 우주인으로 나뉘어 훈련을 받게 된다. 우주 관광객은 6개월간의 체력훈련, 우주 과학·공학 강의, 생존 훈련 등 기초 교육만을 받고, 프라이머리 우주인과 백업 우주인은 각기 다른 팀으로 나뉘어 소유스 우주선의 탑승 인원인 세 명이 한 조가 되어 우주선 시스템과 시뮬레이터, 우주과학 임무 훈련을 받는다.

• 소유스 TMA11 귀환 후 열린 기자회견 •

해서 헛것이 보이는 거야. 밖에 뭐가 보일 리가 없어".

원— 보통 그런 역할은 영화에서 악역이잖아요. 큰일 났는데 아니라고 고집 피우는 역할.

연— 저희 커맨더는 악역이라기보다는 히어로 쪽이에요. 좀 있으니까 페기 윗슨이 "진짜야. 나도 밖에 뭐가 보여"라고 하더란 거죠. 페기의 말은 무시할 수 없는 게, 비행 경험도 많고 기록도 가진 우주인이에요. 거기다 우주정거장 최초 여성 커맨더였고요. 페기도 그렇게 말하니까 커맨더가 확인해봐야겠다고 하더라고요. 유리창이 되게 작아서 바깥은 확인할 길이 없고, 계기판은 분리 성공했다 그러니까 우왕좌왕하고 있었어요. 우주선에 있는 유리창은 되게 작아서 바로 옆에 앉은 사람이 아니면 밖이 잘 안 보여요. 그 순간 빨간불이 켜지더라고요. 영화에서처럼 삑- 삑- 소리도 나고요. 화면에서는 '탄도 궤도로 귀환하는 비상 상황'이라고 알리더라고요. 정신이 하나도 없었죠. 근데 옆을 돌아보니 같이 계신 두 분이 너무 아무렇지 않게 대처하시는 거예요. 저는 너무 놀랐는데 말이죠. 그때 유치하게 무슨 생각을 했냐면, '나도 아무렇지 않은 척을 해야겠다'라는 거였어요. 왜냐하면 너무 멋있어 보였거든요. 두 분은 빨간불이 켜지자마자 매뉴얼을 빨간색으로 바꿔 들더라고요. 긴급emergency 상황 매뉴얼은 겉표지가 빨간색이거든요. 매뉴얼을 바꿔들고 탄도 궤도 귀환 부분을 딱 펴시더니, 저랑 같이 확인하셨어요. 매뉴얼 보면서 긴급 상황을 대처하시는 모습이 너무 아무렇지 않은 거예요. 그때 '아, 죽진 않겠구나'라고 생각했던 거 같아요.

K― 주마등을 못 보셨네요.

연― 네, 주마등은 못 봤네요.

페기 윗슨   페기 윗슨Peggy Annette Whitson은 이소연 박사의 우주비행 당시 ISS의 커맨더였다. 1960년 2월 9일 미국 태생으로, 우주에서 665일을 체류하며 미국인 가운데 최장 우주 체류 기록을 보유하고 있다.

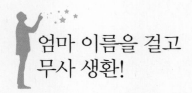

엄마 이름을 걸고
무사 생환!

연─ 그러다 갑자기 지포스가 확 느껴졌어요. 그래서 제가 이번엔 페기한테 조심스럽게 "압력이 너무 크게 느껴진다. 3G, 4G는 넘어가는 것 같다"라고 말했어요. 정상적 범위가 3G에서 4G 정도거든요. 그런데 느낌이 6G에서 7G는 되는 것 같은 거예요. 페기한테 "너무 무거운데?"라고 했더니 페기가 "네가 무중력에서 와서 상대적으로 되게 무겁게 느껴지는 거다. 올라갈 때는 1G에서부터 시작하지만 내려올 때는 0G에서 시작하기 때문에 상대적으로 더 무겁게 느껴지는 거지, 실제로 무거운 건 아니다"라고 말하더라고요. 그래서 그런가 보다 했어요. 근데 저는 완전 루키인 데다가 나이도 어리고 훈련 기간도 1년밖에 안 돼서 그분들보다 훈련 기간도 짧았잖아요. 그때는 그분들의 말을 100퍼센트 믿을 수밖에 없었어요. 그런데 조금 이

따가 F로 시작되는 말을 막 하면서 "네 말이 맞았어. 엄청 무거워" 이러는 거예요. 그래도 '조금 높구나'라고만 생각했지 얼마나 높은지는 확인할 수 없었어요. 제가 제대로 느낀 건지는 잘 몰라요. 계기판이 지포스를 알려주지는 않거든요. '그래도 별 문제 없겠지'라고 생각했어요. 왜냐하면 과거 1960년대, 1970년대에는 소유스가 탄도 궤도로 내려오는 게 정상이었거든요. 그런데 탄도 궤도 귀환이 우주인들한테 너무 무리를 주니까 기술을 조금 발전시켜서 무게중심을 조금씩 옮겨가며 착륙 방향을 살짝 바꿀 수도 있게 하고 지포스도 낮췄죠. 그래도 소유스는 미국 나사NASA의 우주왕복선(이하 셔틀)처럼 멋있게 착륙하지는 못해요. 소유스가 낙하하는 방식은 돌에다가 낙하산을 달아서 내려오는 거랑 비슷하거든요. 그래서 오른쪽, 왼쪽으로 방향을

지포스 지포스G-force는 중력 가속도Gravity Force의 약자이다. 어떤 물체가 정지해 있다가 움직이거나, 움직이고 있는 상태에서 정지하게 되면 그에 상응하는 물리적인 힘을 받게 되며, 이 힘을 지포스라고 부른다. 일반적으로 지상에서 받는 지포스를 기준으로 삼아 1G라고 표현하며, 전투기나 레이싱카, 놀이기구 등에 타고 속도가 빠르게 변화할 때 지포스의 변화를 지각할 수 있다. 일상적으로 받고 있는 힘과 비교해 G 단위를 사용하지만 여기서 중력은 힘의 기준일 뿐, 사람이 느끼는 힘의 원인은 아니다. 가령 5G의 지포스가 느껴진다고 하는 것은, 해당 지점에 실제로 5배의 중력이 작용하는 것이 아니라, 관성력 등 여러 가지 원인으로 평소의 5배에 달하는 압력을 느끼는 것을 이해하기 쉽게 단위로 표현한 것이다.

자유자재로 바꾸는 기능이 필수적이진 않아요. 따라서 방향 컨트롤이 없어진 건 큰 문제가 아니기 때문에 매뉴얼만 잘 따르면 잘 내려갈 수 있다고 생각했어요. 어쨌든 긴급 상황 매뉴얼대로 다 했으니 '이제 됐구나' 하고 안심하고 있었죠. 밖에 카메라가 없어서 바깥 상황까지 볼 순 없거든요. 그런데 흔들리고 충격이 가해지더니 갑자기 눈앞에 연기 같은 게 피어오르는 거예요. 기체 안쪽에서.

원— 안쪽에서요?

연— 네, 안쪽이었어요. 그래서 전부 잔뜩 긴장해서는 "이건 뭐지, 불났나?" 불안해지더라고요. 아까 흔들린 충격 때문에 뭐가 잘못됐구나 싶어 커맨더가 파워를 차단했어요. 만약 정말 불이면 전기 파워 때문에 불이 커지거든요. 그게 <u>프로토콜</u>이라서 연기가 보이면 무조건 파워를 꺼야 해요. 전체 파워를 다 차단

소유스 소유스Soyuz는 소련의 유인 우주선이다. 1967년 4월 23일 소유스 1호가 첫 발사된 이래 살류트Salyut와 미르Mir 우주정거장과 도킹하여 우주비행사를 전송하거나 귀환시키는 임무를 담당하였다. 우주정거장이 설치되기 이전에는 최초의 우주정거장으로서 326일 동안 우주공간에 체류한 기록을 갖고 있기도 하다. 2011년 미국의 우주왕복선이 은퇴한 이후 지구와 ISS의 유일한 연결 수단으로, 우주비행사를 실어 나르는 역할을 하고 있다. 이소연 박사가 출발 시 탑승한 것은 소유스 TMA12로 카자흐스탄의 바이코누르 우주 기지에서 발사되었다. 귀환할 때는 TMA11을 이용해 귀환했다.

하고 연기가 잦아들기를 기다렸죠. 조금 지나니까 잦아든 것 같더라고요. 그래서 제가 커맨더한테 "연기 잦아든 것 같은데 시험 삼아 파워를 켜보시죠?" 했더니 커맨더도 "그럴까?" 하더라고요. 그런데 그 말을 들은 페기가 커맨더한테 "아니야. 소연이는 연기 안에 있고, 너도 너무 가까이 있어서 잘 안 보이는 거

우주왕복선 우주왕복선space shuttle은 우주개발 과정에서 한 번밖에 사용하지 못하는 과거의 우주선과 달리 여러 번 사용함으로써 예산을 절감하기 위해 개발되었다. 이륙할 때는 보통 로켓처럼 수직으로 올라가지만, 2분 후에 두 개의 부스터를 떼어버리고 난 뒤에는, 서서히 지구 표면과 평행하게 수평 비행을 한다. 임무가 끝나면 지구 대기권에 재돌입하며, 재돌입시에는 동력이 없는 채로 활공하여 감속 후 착륙하는데, 대개는 케네디 우주센터의 활주로에 착륙하게 된다. 나사에서 1972년 1월에 개발을 시작해 1981년 4월 12일 첫 우주왕복선 컬럼비아호가 발사되었다. 다양한 궤도로 많은 하중의 물체를 실어 나를 수 있었으며, ISS의 승무원 교체나 수리, 인공위성 및 궤도상의 물체 회수 등 여러 임무를 수행했다. 그러나 1986년 1월 28일 7명의 승무원을 태운 챌린저호가 폭발, 다시 2003년 2월 1일 28번째 우주비행을 마치고 지구로 귀환하던 컬럼비아호가 폭발하며 안전성에 문제가 제기되었다. 2011년 7월 아틀란티스 우주왕복선을 끝으로 발사 프로그램이 종료되었다.

프로토콜 프로토콜protocol은 그리스어로 '맨 처음'을 의미하는 'proto'와 '붙인다'라는 의미의 'kollen'의 합성어인 'protokollen'에서 유래한 말이다. 최근에는 주로 IT, 통신 분야에서 전송 규약을 의미하는 말로 쓰이며, 외교 분야에서는 의전 등의 의미로 쓰이기도 한다. 넓게 보자면 특정 작업을 수행하기 위해서 행위 당사자들 사이에 미리 약속된 절차 또는 규정을 의미한다.

야. 내 눈엔 지금 소연이가 연기 안에 있어"라고 말하더라고요. 페기가 저랑 제일 멀리 떨어져 있었거든요. 그래서 결국 파워를 못 껐어요.

원— 아이고.

연— 제가 연기 안에 있다고 페기가 이야기하니까 그 연기의 근원이 제 근처에 있을 거라고 생각했어요. 주변을 둘러봤죠. 저 바로 앞 계기판 밑에서 하얀 뭔가가 나오고 있더라고요. 계기판 밑을 확인하려고 고개를 내렸어요. 그런데 여러분의 상상보다 소유스는 훨씬 작아요. 얼마나 작으냐면 우주인 세 명의 어깨가 모두 닿을 정도로 좁아요. 중형차 뒷자리에 세 사람이 앉은 것처럼 어깨가 서로서로 닿아 있죠. 게다가 세 사람 다 10킬로그램이나 되는 우주복을 입고 있어요. 더 좁죠. 굉장히 비좁고 내부가 복잡해서 움직이기 되게 힘들어요. 계기판도 눈앞에서 30센티미터 정도로, 엄청 가까워요. 그래서 밑을 보기 되게 힘들어요.

겨우 몸을 숙여서 밑을 봤더니 연기 같은 게 얼어 있는 금속 튜브에서 나오더라고요. 커맨더한테 "튜브가 얼어 있다. 그럼 이게 불이 나서 생긴 연기가 아니란 거다. 만약 화재로 인한 뜨거운 연기면 어떻게 튜브가 얼어 있냐, 그럴 순 없다"라고 확신에 차서 말했어요. 제가 확신할 수 있었던 건 박사과정 중의 제 연구가 전부 클린룸에서 이뤄졌기 때문이에요. 그래서 제가 있던 실험실에는 항상 액체질소와 액체산소가 있었어요. 그 주변 튜브는 항상 얼어 있었고요. 액체질소와 액체산소는 온도가 아주 낮아서 주변 튜브도 다 언 상태예요. 그러니까 그 상태가 제게 너무 익숙한 거죠. 감사한 일이었어요. 그걸 보고는 이렇게 낮은 온도의 물질이 우주선 안에 뭐가 있을지 생각해봤죠. 그랬더니 액체산소밖에 없어요. 호흡에 필요한 산소를 조금씩 흘려주기 위해 액체산소 탱크가 우주선에 있는데, 보니까 그게 터진 듯했어요. 튜브가 터져서 낮은 온도의 산소가 새어 나왔고, 낮은 온도의 산소 때문에 주변 수증기가 응결돼서 연기처럼 보인 거죠. 그 얘길 했어요.

그런데 제 커맨더는 저랑 한 번도 훈련을 한 적이 없어요. 왜냐하면 커맨더는 저보다 6개월 먼저 올라갔으니까 제가 팀으로 훈련받기 전에 이미 우주로 갔거든요. 제가 기본훈련을 받을 때 커맨더는 비행을 앞두고 있었고 저는 초보라서 완전히 다른 곳에서 훈련을 받았어요. 서로 존재는 알고 있었지만 만난 적은 없었던 거죠. 근데 러시아라는 나라의 문화적 특성상 커맨더는 저를 '어린 여자아이'라고 여겼어요. 어른이라 생각도 안 해주셨죠. 그래서 '쟤가 뭘 알겠냐'는 식으로 여겼던 거 같아요. 나중에 저한테 따로 고백하기로 "남자에서 여자로 바뀌었다고 해서 난 참 싫었다"라고 대놓고 말씀하시기도 했어요.

어쨌든 "튜브가 얼었다"라는 제 말을 안 믿으시더라고요. "정말 거기 얼어 있는 거 맞냐"라며 여러 번 확인하시더라고요. 저도 '아무리 바보라도 얼어 있는 거랑 뜨거운 거 정도는 구분할 줄 알아' 하며 욱하는 생각도 들더라고요. 지금 생각하면 그분이 이해가 되긴 해요. 세 명의 목숨을 책임진 사람이잖아요. 그 무엇도 쉽게 넘길 수가 없는 입장인 거죠. 그 상황을 러시아어로 설명했다는 사실이 지금 생각해도 몹시 뿌듯합니다. 지금은 러시아어를 다 잊어버렸거든요. 지금 하라고 하면 못 해요.

제가 러시아어로 "내가 공부할 때 액체산소, 액체질소로 일을 해서 이건 너무 익숙하다. 내가 진짜 단언하건대 이건 액체산소다"라고 말하면서 "우리는 이미 대기권에 진입한 뒤라서 바깥이랑 압력을 맞추기 위한 조그만 구멍을 연 상태다. 그렇기 때문에 높은 산소분압에 대한 염려는 하지 않아도 된다. 파워를 올려도 문제가 없을 것 같다"라고 이야기했어요. 또 "바깥 공기 포화도랑 계속 밸런스를 맞추고 있기 때문에 바깥 공기의 산소포화도와 내부의 산소포화도가 같으므로 우주선 내부의 산소포화도는 되게 낮으니까, 전기를 켰을 때 스파크spark가 나서 불이 날 위험도 없다"라고도 말했어요.

그래도 되게 걱정하시더라고요. 만약 파워를 켰을 때 안에 산소가 가득 찬 상태에서 스파크가 생기면 다 죽는 거잖아요. 커맨더가 고민을 하더라고요. 그럴 수밖에 없는 게 중앙통제센터랑 통신하려면 파워를 켜야 하고, 켜자니 불이 나서 펑 터질까 봐 걱정이고. 순간 너무 어려운 결정을 해야 하는 거죠. 그러더니 저한테 "너의 엄마의 이름을 걸고 이게 액체산소인 걸 목숨 걸고 확신할 수 있느냐"라고 심각하게 물으셨어요.

원— 러시아인답네요.

연— 러시아에서는 주로 '엄마 이름을 걸고 맹세할 수 있냐'라고 묻거든요. 그래서 제가 "나는 누굴 걸더라도 이건 액체산소다"라고 말했어요. 그제야 파워를 켰어요. 아무 일도 없었죠. 긴급 상황을 맞은 이후로 저희는 중앙통제센터가 우리 신호를 받았을 거라고 생각했어요. 그랬는데 알고 봤더니 바깥 안테나가 다 탔더라고요. 중앙통제센터에 신호가 안 간 거죠. 어쨌든 저희는 긴급 상황을 센터가 인지하고 있을 거라 굳게 믿고 탄도 궤도로 내려왔어요. 그래도 낙하산은 제때 잘 펴졌어요. 그리고 소유스는 마지막으로 땅에 부딪히기 1미터 전에 높이를 감지하고 엔진이 반대 방향으로 한 번 더 켜져요.

용— 영화 〈그래비티〉 보셨으면 이해가 쉬우실 거예요.

연— 네. 소유스는 다시 살짝 올라갔다가 자유낙하로 뚝 떨어져요. 그 전에 쇼크 옵서버shock absorber가 등 뒤에서 올라오고요.

원— '쇼바' 말이죠?

연—.네, 쇼바. 그렇게 지구에 떨어졌어요. 그제야 '아, 살았구나. 제대로 떨어졌구나' 안심했죠. 그때까진 안테나가 탄 걸 모르는 상태이기 때문에 누워 있다 보면 헬기가 오겠거니 생각했어요. 우주선이 정상적으로 내려오면 땅에 부딪히기 전에 헬기 세 대가 따라붙거든요. 헬기에 달린 카메라로 엔진 켜지는 것까지 찍어요. 그런데 주변을 보니 아무도 없더라고요. 한 5분? 10분 정도 기다렸는데 인기척이 너무 없더라고요. 그래서 커맨더가 "아무래도 우리, 나가야 될 것 같다"라고 말했어요. 그때까지는 세 사람 모두 소유즈 안에 앉아 있었거든요. 커맨더는 중간쯤, 페기는 하늘에 매달려서, 저는 바닥에. 커맨더가 "내가 일단 안전띠를 풀고 해치hatch를 열 테니, 너도 안전띠를 풀고 먼저 기어 나가. 그리고 내가 따라 나가겠다. 페기는 생각 좀 해보자"라고 하더라고요.

무중력 상태에서 지상으로 내려오면 제일 먼저 피로감과 무게감을 느껴요. 몸무게를 느끼지 못하다가 갑자기 내 몸무게라는 게 생기니까 내 몸이 천근만근으로 느껴져요. 또 중력이 없을 땐 피가 머리에 몰려 있다가 갑자기 중력이 생기면 모든 피

〈그래비티〉 〈그래비티Gravity〉는 2013년 개봉한 알폰소 쿠아론 감독의 SF영화로, 가상의 우주 왕복선 임무인 STS-157에 관한 얘기이다. 허블 우주 망원경을 수리하기 위해 우주 공간에서 작업하던 스톤 박사는 폭파된 인공위성의 잔해와 부딪히면서 그곳에 홀로 남겨진다. 우주 공간 속에서 그녀는 생존을 위한 처절한 노력을 한다. 2013년 《타임》이 뽑은 최고의 영화로 선정되었으며, 제86회 아카데미 시상식에서 감독상, 시각효과상, 음악상, 음향편집상, 음향효과상, 촬영상, 편집상 등 총 7개 부문에서 수상하였다.

가 아래로 쫙 쏠리면서 빈혈기가 엄청나게 심해져요. 그래서 서 있질 못해요. 〈그래비티〉의 샌드라 불럭Sandra Bullock처럼 벌떡 일 어나서 움직이는 건 어지럼증을 안 느끼는 체질을 타고난, 극히 일부의 몇몇 우주인만 가능한 일이에요. 과학적으로 불가능하 다고 할 수는 없지만, 일반적인 상황은 아니에요. 저랑 커맨더 가 기어 나오는 것도 힘든데, 매달려 있는 페기를 받쳐주고, 풀 어주고 할 상황은 못 된 거죠. 페기한테 "정말 미안하다" 그랬 더니 우리가 자기를 내려줄 수 없다는 걸 페기도 너무 잘 아는 거예요. 어쨌든 밖에서 기다려보자며 두 사람은 밖에 누워서, 페기는 안에 매달려서 기다렸죠. 그랬는데 기다렸던 구조팀은 오지 않고 카자흐스탄의 유목민들이 가까이 오더라고요.

원— 양 치는 유목민들.

연— 네. 저희가 떨어진 근처에 살면서 양 치고 염소 치는 유목 민들이 하늘 멀리에서 돌 같은 게 떨어지는 걸 본 거죠. 그걸 보 고 막 달려온 거예요. '저게 뭐지?' 하면서요. 나중에 들으니까 한참 동안 저희를 지켜보고 있었대요. 해치 열고, 기어 나오는 것까지 다 지켜본 거죠. 기어가다가 드러눕는 것도 봤대요. 그 부족 사람들은 유목민의 생활을 100년, 200년 동안 이어온 분 들이라서 진짜 놀란 가슴 붙잡으며 달려왔대요.

K2— 외계인인 줄 아셨겠네요.

연— 네, 그 생각을 먼저 하신 거죠. 사람이 맞나? 의심도 했대

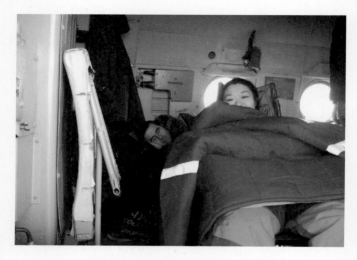

• 구조팀 헬기 내부에서 휴식 중인 이소연 박사와 유리 말렌첸코 •

요. 하얀색 옷을 입고 둥그런 캡슐을 둘러쓴 채 걷지도 못하고 기어 다니니까.

용— 그 동네에도 우주선이 떨어지는 게 흔치 않은 일이군요.
연— 우주선은 항상 카자흐스탄에 떨어져요. 그런데 대개는 정해진 범위 안에 떨어지거든요. 그래서 맨날 떨어지는 자리에 사는 유목민들은 알아요. 그런데 저희는 항상 떨어지던 자리에서 500킬로미터 떨어진 곳에 내린 거예요. 저희가 만난 유목민은 우주선이 떨어지는 걸 처음 본 거죠. 다행히 유목민 중 한 사람이 소비에트 연방 시절에 러시아말을 배우셨더라고요. 그분과 의사소통하면서 우리가 사람이라는 것을 알려드렸더니 다가와서 저희를 도와주었어요. 유목민 두 분이 소유스 안에 들어가서 페기를 받치고 안전띠를 풀어 꺼내주셨어요. 누워서 못 움직이는데, 햇빛 때문에 눈이 너무 부시니까 이불도 덮어주고 눈도 가려주셨어요. 너무 고맙더라고요.

그런데 아무리 기다려도 구조팀이 안 오더라고요. 그래서 유목민 중 체구가 작은 분에게, 들어가서 GPS하고 이리디움 위성전화Iridium satellite phone 좀 찾아달라고 부탁했어요. 핸드폰도 없는 분들이 그걸 어떻게 알겠어요. 그래서 요만한 크기의 까만색 물건이라고 설명을 했죠. 저희는 들어가서 찾을 힘도 없었거든요. 그분이 들어갔다 나왔다 하면서 "이거야?" 물으면 "아니" 하면서 몇 번을 들락날락하며 겨우 찾았어요. 위성전화를 찾아서 중앙통제센터에 전화했죠. 그때야 비로소 중앙통제센터도 우리가 대략 500킬로미터 정도 떨어진 곳에 낙하했다는 걸 알았어요. 원래는 헬기 세 대가 와야 하는데 세 대가 다 오기엔 연료가 부족하다며 충분한 연료를 가진 가장 큰 헬기만 급히 의료팀을 데리고 저희가 있는 곳으로 왔어요.

원— 제가 이걸 가장 먼저 여쭤본 이유는 우주에 간다는 게 어떤 일인지 실감 나게 느껴보자는 취지에서 물어본 거예요.

용— 만약 우리나라에 도착할 예정인 소유스가 사고가 난다면

• 캡슐에 불이 붙은 채 착륙한 소유스 주변 평원이 꽤 넓게 탔다. •

북한에 떨어질 수 있는 거잖아요.

원— 북한만이 아니라 어디든.

연— 아까 톈궁이 추락한 곳이 오차범위 안이라고 하셨잖아요? 제가 도착한 곳도 목표지점 500킬로미터 바깥이었는데, 그곳도 오차범위 이내였어요.

원— 저는 여러분들이 우주에 나가는 것이 얼마나 위험천만한 일인지 조금이나마 실감하길 바랍니다. SF영화 속 장면과는 무척 다르다는 것도요. 〈스타트렉〉의 엔터프라이즈호USS Enterprise 내부에서는 심지어 관성도 중화시키잖아요. 순간적으로 광속으로 가속하는데도 영화에서 보면 관성을 하나도 안 느끼기도 하고요.

연― 맞아요. 지포스를 하나도 안 느끼고 멀쩡하죠.

K― 심지어 자유낙하를 하고 있는데도 막 뛰어다녀요.

원― 하지만 우주비행은 편안한 여행이 아니에요. 비좁은 공간에 어깨를 맞대고 앉아 영화 몇 편은 찍을 정도의 드라마틱한 상황들을 이겨내야 해요. 박사님의 상황은 더 긴박했고요. 우주선 선체 내부에서 연기가 발생하고, 화재인지 아닌지 순간적으로 판단해야 하고. 불시착해서 통신이 끊기고, 말이 안 통하는 유목민들과 마주하게 되고.

K2― 이 모든 일이 겨우 몇 시간 안에 생긴 거잖아요. 그리고 보니 궁금하네요, 저 모든 상황이 얼마 동안에 벌어진 거예요?

연― 얼마 안 돼요. 우주정거장에서 도킹을 해제하고 지상에 완전히 안착할 때까지가 대략 2시간 정도니까, 대기권 진입하고 지상에 착륙할 때까진 30분 정도인 거죠.

원― 말이 30분이지, 정말 주마등이 수십 번도 넘게 지나갔을 시간.

최― 저는 이 문제에 대해서 열차폐체를 연구하신 K2 박사님께 책임을 묻고 싶습니다.

원― K2 박사님 모실게요, 소유스 안테나가 타버렸다는데 대체 어떻게 된 겁니까?

K2― 차폐체 문제인 것 같은데…. 저는 잘 모르겠습니다. 근데

• 귀환 직후 불탄 해치를 통해 빠져나와 휴식을 취하는 우주인들 •

아까 소유스가 탄도 궤도로 낙하하는 과정을 잠깐 이야기하셨
잖아요? 가만히 생각해보니 소유스 귀환선이 약간 슬라이딩하
듯이 진입하면서 대기권에서 좌우로 약간씩 방향을 틀 수도 있
겠더라고요.

연ー 할 수 있어요.

K2ー 그렇게 해서 강한 지포스를 줄이고, 속도를 늦출 수 있겠
네요?

연ー 네, 맞아요. 그게 안 돼서 제가 탄도 궤도로 귀환한 거고
요. 말씀하신 열차폐체가 바닥에 엄청 두껍게 붙어 있어요. 대

기권을 통과할 때 마찰로 발생하는 열이 가장 크게 영향을 미치는 부분이 바닥 부분이라서요. 그런데 저희는 일부 모듈이 제대로 분리가 안 됐잖아요? 그래서 상부 쪽이 더 무거웠고, 뒤집혀서 내려왔어요. 그러다 보니 열차폐체가 없는 쪽이 강한 열을 받게 돼서 상부 쪽의 안테나가 다 타버린 거죠.

최— 정말 위험했네요.

K2— 소유스가 원추형으로 생겼잖아요. 근데 그 원추가 뒤집어진 채로 떨어진 거군요.

연— 네. 꼭대기 해치 쪽이 바닥을 향한 채로 낙하했죠.

원— 진짜 위험한 상황이었네요.

연— 낙하산이 터졌을 때야 다시 뒤집혔어요. 낙하산이 뒤에서 퍼지니까 그 힘 때문에 그제야 제대로 방향을 잡았죠.

〈스타트렉〉 〈스타트렉Star Trek〉은 미국에서 제작된 SF 장르의 엔터테인먼트 미디어 프랜차이즈이다. 1966년 TV 시리즈가 원작자인 진 로덴베리에 의해 처음 제작된 이래, 수많은 텔레비전 드라마 후속작 및 파생작과 영화, 수십 개의 컴퓨터 및 비디오 게임, 수백 편의 소설 등이 만들어졌다. 오리지널 TV 시리즈만으로도 현대의 거대한 컬트 현상으로 부를 수 있으며, 대중문화에서 수많은 작품들이 이를 참조하였다. 엔터프라이즈호는 여기 나오는 행성연방 소속 우주선이다.

차폐체 차폐체遮蔽體는 물체나 사람을 방사선이나 열 피해로부터 지키는 장치를 말한다. 열차폐체에는 철·스테인리스스틸과 같이 밀도가 크고 용융점이 높은 금속판을 사용하며, 방사선 차폐체에는 납판이나 콘크리트 등이 사용된다.

용— 그러니까 거꾸로 내려온 거네요?

연— 네, 거꾸로 내려왔어요.

K2— 아시다시피 원추형의 바닥 면을 낙하 진행 방향으로 해야 저항이 커지잖아요. 그렇게 정방향으로 내려와야 선체의 형태 자체에 의해 감속도 될 텐데, 꼭짓점이 진행 방향으로 향하고 있으면 감속의 효과도 못 얻었겠어요.

연— 네. 게다가 대기권에 진입하면서 진행 방향 쪽 외부 구조물들이 높은 온도 때문에 계속 타들어갔어요. 거꾸로 내려왔으니까 상부 쪽 구조물들이 타버린 거죠. 해치까지 탔어요.

K2— 진짜 긴박한 상황이네요.

연— 네. 그런데 저희는 안에 있었기 때문에 그 상황을 전혀 몰랐죠.

최— 직전 사고도 비슷했다고 들었어요.

연— 전에 있던 사고도 분리 과정에 문제가 생겨서 난 사고이긴 했어요. 그런데 그때는 선체에 큰 덩어리가 붙어 내려오진 않았

빅뱅이론 〈빅뱅이론The Big Bang Theory〉은 미국 CBS에서 방영 중인 시트콤이다. 캘리포니아 패서디나를 배경으로 겉으로는 전도유망해 보이지만 사교적인 면으로는 괴짜인 네 명의 남자 천재들과 그들의 매력적인 이웃 페니의 이야기를 그렸다. 2007년 9월 첫 방송이 시작되어 2018년 9월부터 시즌12가 방영되고 있다. 시즌3의 첫 회가 미국 전역에서 1,283만 명이 시청하면서 드라마 역사상 최고 시청률을 기록하였다. 하워드가 ISS에 가게 되는 에피소드는 시즌6에서 확인할 수 있다.

어요. 그때는 탄도 궤도로 내려오긴 했지만, 전체 캡슐은 꽤 정상적인 모양으로 내려왔었죠.

K— 열차폐체 문제가 아니라 분리의 문제였네요.

원— 그렇죠.

K— 〈빅뱅이론〉에서 하워드 조엘 왈로위츠가 우주에 가는 에피소드가 있어요. 처음엔 엄청나게 좋아해요. 그러다 소유스를 타야 한다는 것 등, 우주비행에 대해 자세한 것들을 알게 되자 안 가려고 온갖 이유를 찾는 장면이 나와요. 말도 안 되는 핑계를 대기도 하고요.

연— 장인어른한테 부탁하기도 하잖아요.

K— 장인어른이 말릴 줄 알았는데 가라고 종용하기도 하고요.

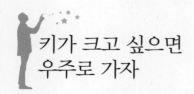

키가 크고 싶으면
우주로 가자

원— 이런 질문을 하는 사람은 없었을 거 같지만 궁금하니까 해볼게요. 우리는 우주비행 때의 느낌을 떠올릴 때 롤러코스터나 바이킹을 타는 것과 비교하곤 하잖아요. 그런데 롤러코스터를 타는 것에 비해 강도가 얼마나 더 센 거예요? 몇 배?

연— 롤러코스터를 타보셨다면 무중력을 느껴보신 거예요. 제가 내려올 때 상황과 롤러코스터는 사실 비교하기 어렵고요. 그런데 롤러코스터를 탈 때 덜컥덜컥 올라가다가 딱 멈췄을 때가 제일 무섭잖아요. 그러다가 훅 떨어지는데, 그때 뱃속이 되게 이상한 느낌이 들잖아요?

K— 0.1초 정도 이상한 느낌이 들죠.

연— 네. 그때 우리가 자유낙하 하고 있기 때문에 신체 내부가 무중력상태가 돼서 뱃속이 불편한 거예요. 그런데 불편한 느낌이 저는 11일 동안 이어진 거예요. 6개월간 우주정거장에 체류하면 그 느낌이 6개월 동안 계속되는 거죠. 그 이상한 느낌이 멀미를 유발해요. 어쨌든 저도 무중력이 어떤 느낌이냐는 질문을 받으면 롤러코스터나 자이로드롭을 예로 많이 들어요.

원— '무중력상태' 하면 절대 자유 같은 이미지를 떠올리잖아요. 우주에 떠서 자유롭게 유영하고, 편안하고, 몸무게가 하나도 안 느껴지는. 되게 좋을 것 같은데 아니었군요.

연— 그럼요, 세상에 공짜는 없더라고요. 떠다니는 환상적인 기분을 느끼기 위해 허리와 머리의 통증을 견뎌야 하고, 얼굴이 붓고, 끔찍한 멀미를 감수해야 하죠.

• 무중력상태의 영향으로 얼굴이 부어 있다 •

용— 허리 아픈 건 몰랐네요.

최— 언뜻 생각하기에는 오히려 허리가 안 아플 거 같은데요?

연— 아니에요. 허리 통증이 정말 심해요. 왜냐하면 키가 갑자기 크기 때문이에요. 성인이 10분 만에 2~3센티미터가 갑자기 크면 통증이 어마어마해요. 우리는 원래 키보다 5밀리미터에서 3센티미터 정도 작은 키로 살아요. 제 경우에는 ISS에서 쟀을 때 1인치 정도 자랐어요. 좀 더 연장자였던 주변 우주인분들은 5밀리미터 정도? 중력에 눌려 있기 때문이래요. 그래서 중력이 없어지는 순간 원래 키가 되는 거죠. 그런데 원래의 키라고 해도 평소 느끼는 키에서 늘어나기 때문에 누가 잡아당기는 느낌이에요.

K2— 척추를 잡고 주욱 늘린 기분이겠네요.

연— 네, 머리랑 발을 양쪽에서 잡고 쫙 잡아당기는 느낌이에요.

원— 고문인데요?

연— 고문이죠. 그래서 신경이랑 근육이 늘어나면서 통증이 어마어마해요.

최— 그 늘어난 키는 돌아오자마자 거의 바로 사라지나요?

연— 네, 바로 없어져요. 우주에서 허리가 너무 아파서 폐기한테 이렇게 이야기했어요. "이렇게 아프면서 큰 키니까, 조금이라도 남았으면 좋겠다". 1인치면 2.5센티미터가 넘잖아요. 그게 어디예요. "이렇게 큰 키가 남을 수도 있나요?"라고 물었더니 엄청나게 비웃으면서 "전부 원래대로 돌아간다"라고 대답해주시더라고요.

최— 1밀리미터도 안 남아요?

연— 하나도 안 남아요.

용— 디스크 환자들한테는 좋을 것 같아요.

연— 좋아요. 실제로 조종사나 우주비행사 중에 훈련과 비행으로 노화가 진행돼서 디스크 초기 증상을 가지신 분들이 있어요. 비행을 하셔야 되니까 비행에 부적합할 정도로 심각하진 않고요. 선발 당시에도 아마 없었을 거예요. 어쨌든 그렇게 경도 디스크를 가지신 분들이 우주에 갔다 오면서 통증이 사라진 경우도 있다고 하더라고요.

원— 늘어났다가 원래로 돌아오면서 뼈가 재정렬되기 때문이겠죠?

최— 디스크 환자들에게 우주비행 치료가.

원— 다시 본론으로 돌아와서, 우주에 다녀온 이런 이야기를 이렇게 구체적으로 들은 적은 없었던 거 같아요. 어디서 이야기한 적 있나요?

연— 이렇게 자세히 이야기한 적은 없었어요.

용— 착륙하다 사고가 있었단 이야기 정도만 뉴스로 접했어요. 근데 얼마나 위험한 상황이었는지에 대해선 전혀 몰랐어요.

연― 저도 살아서 돌아오고 회복할 때까지만 해도 제가 겪은 일들이 얼마나 위험했는지 몰랐어요. 외부와 차단되어 있었으니까요. 그러다 무서웠던 순간이 있었어요. 사고가 나면 사고 조사반이 조직돼요. 그래야 다음에 또 그런 일이 안 일어나게 대비할 수 있을테니까 당연한 일이죠. 먼저 제가 타고 온 소유스 캡슐을 산산이 분해했대요. 어디가 문제인지 알아보기 위해서죠. 아주 작은 부품까지 다 분해해요. 당연히 블랙박스도 확인하고, 컴퓨터 메모리도 분석하죠. 그러고 나서 그 조사 결과를 저희한테 제일 먼저 알려줘요. 저희 목숨이 달린 일이기 때문에 저희한테 가장 먼저 이야기해주죠. 그러면서 어디까지 공개하면 좋겠냐는 것도 저희한테 먼저 물어봐요. 저희가 그 권리를 가진 사람들이니까요. 우리나라처럼 정부가 먼저 결정해서 발표해버려서, 당사자들이 뉴스로 접하게 되는 일이란 있을 수 없어요. 러시아에서 그런 부분의 규정이 무척 엄격하거든요.

조사반과 저희의 훈련 교관, 훈련소의 제일 높은 분, 비행 당사자 셋을 앉혀놓고 비공개로 조사 결과를 브리핑합니다. 근데 그때 조사반분들이 거의 울먹울먹하면서 "너희 그 열에 5초에서 10초만 더 노출됐어도 불에 타 죽었을 거다. 아마 고통조차 못 느꼈을 거야. 심지어는 불길에 휩싸였단 생각도 할 수 없었을 거다"라고 말하는 거예요. 왜냐하면 화염이 안쪽으로 들어왔을 땐 바깥에서 탈 때랑 완전히 다른 상황이 전개되거든요.

그 이야기를 듣는데 등골이 오싹하더라고요. '그걸 내가 몰랐구나' 우리끼리는 괜찮은 척 '살았으니까 다행이다' 웃어넘겼는데 사실 그때 아주 무서웠어요.

원─ 때로는 디테일이 더 중요한 이야기들이 있죠. 이게 바로 그런 이야기인 것 같아요. '예상한 곳보다 500킬로미터 멀리에 떨어졌다, 불이 날 뻔했다'처럼 짧은 문장으로는 내막을 알 수가 없어요. 디테일을 들어야만 실감이 나는 이야기들이죠. 이렇게까지 자세한 이야기는 아마 〈과학하고 앉아있네〉에서만 들을 수 있지 않을까. 거의 최초가 아닐까 싶습니다.

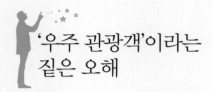

'우주 관광객'이라는
짙은 오해

원— 그런데 궁금한 건, 우주비행이 목숨을 걸어야 할 만큼 이렇게 위험한 일인데, 그만한 가치가 있던가요?

연— 네.

K2— 바로 답이 나오네요.

연— 대부분 우주인이 우주에서 돌아오면 잘 걷지도 못하고, 어지럽고, 얼굴은 창백해요. 두 사람이 양쪽에서 부축을 해줘야 겨우 걸을 수 있고요.

용— 언제쯤 회복이 돼요?

연— 대부분 2~3주에서 한 달 정도 걸려요. 처음 한 일주일은 정말 폐인처럼 지내죠. 그런 모습을 훈련받으면서 본단 말이에요. 저는 1년 동안 훈련받았기 때문에 내려온 사람들이 회복하는 걸 두 번 정도 봤어요. 들어가자마자 봤고요, 6개월 뒤에 한

팀 더 봤어요. 그다음 제가 올라갔고요. 저도 너무 궁금하니까 두 번째 내려오신 분을 찾아가서 '또 가고 싶냐' 물었더니 제가 대답한 것처럼 1초도 망설이지 않고 '몸만 회복되면 또 갈 거다'라고 이야기하시더라고요. 정말 그렇게 매력이 있나 의심이 들기도 하고, 그럴수록 더 가고 싶어지기도 했어요. 제가 내려오니, 6개월 뒤에 올라갈 러시아 우주인 두 명과 <u>리처드 게리엇</u>이라는 투어리스트가 대기하고 있었어요.

용ㅡ 〈울티마 온라인〉 만든 사람이잖아요?

연ㅡ 네, 맞아요.

최ㅡ 아는 사람은 바로 아네요. 이런 사람이 거기 가서 만났어야 하는 건데.

용ㅡ 나중에 NC소프트에서도 일하셨죠?

원ㅡ <u>MMORPG</u>의 선조 격인 분이죠.

연ㅡ 그것 때문에 생긴 재미난 에피소드도 있어요. 그분이 훈련소에 왔을 때 인사를 하는데 제가 공학도라고 하니까 "내가 리처드 게리엇이야"라고 소개하시더라고요. 그 소개에 이용 기자님처럼 "어머! 〈울티마 온라인〉 만드신 분이요?"라고 대꾸해야 했는데 제가 "아, 네"라고 싱겁게 인사를 받았어요. 그러니까 리처드 게리엇이 저한테 "한국은 게임을 엄청 많이 한다는데 나를 몰라?"라고 하시더라고요. 그래서 제가 "내 친구들은 〈스타크래프트〉 많이 하는 것 같긴 하던데요."라고 대답을 했어요.

그분은 다음 비행을 기다리는 사람인데, 앞에서 두 번이나 연속으로 사고가 나니까 무서우셨나 봐요. 리처드 게리엇은 우주인도 아니고 투어리스트잖아요. 제가 알기론 300억 원이 넘는 돈을 내고 우주에 가기 위해 온 거예요. 게다가 게리엇의 아버지는 나사의 우주인 오언 게리엇이에요. 연달아 사고가 나니까 오언 게리엇이 아들에게 이렇게 말했대요. "그 전에 말레이시아 우주인도 고생했고, 직전에 다녀온 팀은 죽을 뻔했다는데, 나도 널 걱정해야 하냐?" 원래 나사 우주인이었으니까 모든 귀환과 발사를 다 찾아보셨을 거 아니에요. 아버지 입장에서 처음 간다고 했을 때는 자랑스러웠지만 이제는 걱정이 되는 거죠. 제가 내려온 지 얼마 안 돼서 회복하고 있을 때, 제가 그랬던 것처럼 저한테 막 달려와 묻더라고요. "너 이렇게 힘든데 또 가고 싶어?"라고. 그 질문에 제가 1초도 안 망설이고 "어"라고 대답했어요. 그랬더니 또 묻더라고요. "나 가도 될 거 같아?" 그래서 제가 "가봐, 좋아"라고 대답해줬어요. 그만큼 멋진 경험이에요. 아무나 갈 수 없는 곳. 힘들지만 묘하게 흥분되는 곳.

그때 이런 생각이 들었어요. 에베레스트 등정도 엄청 힘든 일이잖아요. 동상 걸려서 귀도 떨어지고 손가락도 잘리고. 심지어는 죽을 뻔하기도 하고요. 그래도 다시 짐을 싸잖아요. 그런 모습을 보면 저희는 '저러고도 가고 싶나?'란 생각이 들잖아요. 그런데 그때 '아, 그분들 마음이 이런 마음이구나'라는 생각이 들더라고요.

최— 투어리스트들은 트레이닝 기간이 얼마나 되나요?

연— 투어리스트들의 경우는 저희와 조금 달라요. 6개월 정도 훈련을 받아요. 그런데 그마저도 6개월 내내 훈련받지도 않아요. 대부분 생업이 있는 분들이니까요. 게다가 그 정도 비용을

리처드 게리엇 리처드 게리엇Richard Allen Garriott은 게임 디자이너이자 프로그래머로 〈울티마Ultima〉 시리즈의 개발자로 유명하다. 〈울티마 온라인〉에서는 게임 내 왕국 브리타니아의 지배자인 로드 브리티시Lord British로 알려졌다. 1992년 자신이 창립한 회사이자 〈울티마〉 시리즈의 제작사인 오리진을 일렉트로닉 아츠에 매각하고 2001년 NC소프트 미국 현지법인 개발총괄이사로 게임 〈타뷸라라사〉를 제작하기도 했다. 2008년, 3,000만 달러를 지불하고 스페이스 어드벤쳐사Space Adventure社를 통해 우주비행을 한 여섯 번째 민간 우주인이 되었다.

〈울티마 온라인〉 게임 개발사 오리진에서 〈울티마〉 시리즈의 세계를 배경으로 리처드 게리엇이 개발하여 1997년 9월 24일 발표한 온라인 게임이다. 최초의 샌드박스형 게임으로 분류되는 높은 자유도를 바탕으로 많은 MMORPG의 기반이 되었다.

MMORPG 리처드 게리엇이 대규모 다중 온라인 롤플레잉 게임과 게임의 사회 공동체를 설명하기 위해 만든 용어이다. 한 명 이상의 플레이어가 인터넷을 통해 동일한 가상공간에서 즐길 수 있는 '대규모 다중 사용자 온라인 롤플레잉 게임Massively Multiplayer Online Role-Playing Game, MMORPG'을 뜻한다.

오언 게리엇 오언 게리엇Owen Kay Garriott은 리처드 게리엇의 아버지로 1970~1980년대에 나사에서 활동한 우주인이다. 1973년 스카이랩 우주정거장에서 60일을 보냈고, 1983년 스페이스랩-1에서 10일간 머물며 스페이스 셔틀 미션을 수행했다.

댈 수 있는 사람들은 주로 규모가 큰 일을 하는 분들이라서 한 달에 한두 번 정도는 개인 업무로 본국에 다녀와야 해요. 러시아어도 필수가 아니에요. 러시아는 관광 개념으로 이 사람들을 유치하는 거잖아요? 그에 적절한 서비스를 해주는 거죠. 러시아 우주인이 통역도 해줘요. 게다가 실험 같은 임무가 없어서 일주일 내내 우주에서 놀고 싶으면 놀면 돼요. 하지만 대부분의 투어리스트들은 투어리스트라고 무시당하는 걸 되게 싫어해요. 여기저기서 실험 요청을 받아서 공짜로 실험을 해줍니다. 그에 따른 대가를 주지 않아도요. '나는 이렇게나 자유롭고 대단한 사람이다'란 걸 어필하고 싶어 하는 것 같아요. 본인도 그 의미를 찾으려 노력하고요. 어쨌든 투어리스트 분들도 3~4개월은 훈련을 받아야 합니다. 위급한 상황에 대처할 수 있을 만큼은 훈련되어 있어야 하거든요. 자기 생명유지장치 정도는 본인이 운용할 수 있어야 하니까요. 또 위탁받은 실험도 훈련받아야 하고요.

우주인과 투어리스트의 가장 큰 차이는 '출장이냐, 관광이냐'입니다. 저의 경우는 출장이었죠. 저는 한국 정부 소속 연구원으로 일을 하러 갔어요. 같은 비행기를 타고 가지만 누구는 출장을 가고 여행을 가잖아요. 그게 가장 큰 차이죠. 리처드 게리엇 이전에 투어리스트로 다녀왔던 찰스 시모니Charles Simonyi나 데니스 티토Dennis Anthony Tito 같은 사람들은 재산이 수십억 달러가 넘는 어마어마한 부자예요. 그런 사람들한테도 약 300억 원은 큰돈이긴 하지만 또 그렇게까지 큰돈은 아니었대요. 제가 듣기로 찰스 시모니가 훈련받고 우주 갔다 오는 동안 불어난 자산이 우주에 다녀오기 위해 낸 돈보다 많았대요. 그런데 리처드는 자기 재산 거의 모두를 우주에 가는 데 썼어요. 제가 리처드한테 "우주에 다녀오고 나면 빈손일 텐데, 어쩌려고 그래?"라고 물었어요. 그랬더니 리처드가 "나는 그만큼이나 가고 싶었어. 돈이 모이기만 하면 가려고 마음먹고 있었어"라고 하더라고요. 리처드의 본업은 게임 개발자잖아요. 우주에 다녀오는 일은 워낙 다이나믹한 일이다 보니, 게임을 개발할 때 영감을 줄 수도 있고, 대외적으로 이미지 메이킹 하는 데도 긍정적 요소로 작용했을 거 같아요.

어쨌든 투어리스트들은 저희와 훈련 강도도, 수준도 달라요. 그중에 제일 부러웠던 건 투어리스트들은 러시아어 공부를 열심히 안 해도 된다는 거예요. 저희는 우주에서 하는 실험에 관해서도 문제가 생겼거나 잘못됐을 경우, 러시아중앙통제센터와 바로 이야기해서 해결해야 합니다. 또 실험 장비가 우주정거장 전기에 과부하를 일으키거나 전기소비가 높아지면 안 되기 때문에 기본적 시스템 교육도 필수적으로 다 받습니다. 그런데 투어리스트들은 그런 교육이 필요 없어요. 투어리스트들이 내는 비용에는 우주선 사용료까지 옵션으로 포함되어 있기 때문에 지원해줘요. 그러니까 좀 더 쉽게 말하면 저는 우주에서, 계획한 실험을 위한 실험 기기를 연결하는 데 필요한 시스템을 완전히 숙지해야 해요. 저걸 연결하면 어떤 문제를 발생할 수 있는지 같은 것들이요. 그런데 투어리스트들은 "저거 연결해주세요"라고 영어로 말하면 우주인들이 연결을 해줍니다. 저는 러시아 우주인들과 투어리스트의 중간에 있는 듯한 느낌이었어요. 러시아 우주인들은 기본적으로 7~10년씩 훈련을 받은 사람들이고, ISS에서 무슨 일이 생기면 뭐든지 고칠 수 있는 사람인 데 반해, 저는 그 정도로 훈련된 사람은 아니니까요.

용— 러시아 우주인들은 대체로 어떤 배경을 가지고 있나요?

연— 미국하고 거의 비슷해요. 절반 정도는 공군, 해병대, 해군 소속 테스트 파일럿이에요. 현재의 러시아 우주 프로그램은 민영화됐지만, 원래는 공군 산하에 있었어요. 그래서 러시아의 모든 우주 프로그램은 공군의 주도하에 이뤄졌고, 우주인이나 교관 중에 공군이 많았어요. 나머지 절반 정도는 '에네르기아 Energia'라는 우주선 개발 회사의 엔지니어, 우주과학연구소 같은 연구원들에서 차출해요. 러시아와 미국이 가장 다른 점은 이거예요. 러시아 우주인들도 지원해서 선발됐다고 이야기하긴 해요. 하지만 러시아는 아직 공산사회의 흔적이 남아 있거든요. 능력 뛰어난 사람을 차출해서 우주인으로 양성하기도 하죠. 그 사람에게 의지가 있느냐 보다는 우주인으로서 적합한지 여부에

치중하는 것 같았어요. 그런데 미국의 경우에는 누구든 하고 싶은 사람은 우주인으로 지원할 수 있어요. 그렇게 지원한 사람 중에서 적합한 사람을 뽑아요. 그래서 효율 면에서는 러시아가 낫지 않을까 하는 생각도 들더라고요.

K2— 유리 가가린도 공군이었어요. 그런데 보스토크 1호 발사를 준비할 때, 우주선의 공간이 너무 협소했대요. 그래서 유리 가가린이 우주인으로 뽑혔어요. 150센티미터 남짓으로, 당시 공군 내에서 키가 제일 작았대요.

연— 아마 능력 있는 파일럿 중에 가장 작았을 거예요. 어느 정도 이상 훈련된 파일럿 중에 가장 작은 사람.

테스트 파일럿 새로 개발되는 항공기의 테스트, 혹은 기존 항공기의 상태 체크를 주업으로 삼는 파일럿이다. 장기간의 비행 경험을 가진 실력 있는 조종사들이 테스트 파일럿이 될 수 있으며, 다수의 우주비행사들이 테스트 파일럿 출신이다.

유리 가가린 유리 가가린Yuni Alekseevich Gagarin은 소비에트 연방의 우주비행사이자 군인이다. 세계 최초의 유인 우주선 계획인 보스토크 계획에 참가하여 1961년 4월 12일에 보스토크 1호를 타고 지구 궤도를 도는 유인 우주비행에 성공한 최초의 우주인이 되었다. 1968년 3월 27일, 전투기 비행 훈련 중 추락 사고로 사망했다.

보스토크 1호 보스토크Vostok 1호는 소련이 제작한 역사상 최초의 유인 우주선이다. 보스토크는 러시아어로 동쪽을 뜻한다. 1961년 4월 12일의 1호를 시작으로 1963년 6월 16일의 6호까지 총 여섯 번의 발사가 이루어졌다.

• 멋진 미소로 유명한 세계 최초의 우주인 유리 가가린 •

K2— 물론 작은 키와 함께 멋진 미소를 하고 있어서 뽑혔다고.

원— 전 세계 인류 중 처음으로 우주에 다녀오셨는데, 허무하게
도 훈련 비행을 하시다가 돌아가셨지요.

연— 그의 죽음에도 여러 의혹이 있다고 알려져 있죠.

원— 네. 어쨌든 이소연 박사님은 우주 관광객, 그러니까 투어리
스트랑은 조금 다른 위치에 계신 분이에요. 오랜 기간 우주비행
을 위해 훈련을 받고 우주에도 여러 번 다녀왔고 ISS에 근무하
는 직업 우주인이 한쪽 끝에 있고, 다른 한쪽 끝에는 큰 비용을
들여 평생 우주에 다녀오는 소원 성취를 하는 투어리스트들이

있어요. 이소연 박사님은 그 중간 정도에 계신 거죠. 어쨌든 항간에서 말하는 대로 우주 관광객이라고 하기는 조금 억울한 면이 있을 것 같습니다.

연— 사실 투어리스트들도 스스로 칭하는 프라이빗 애스트로넛private astronaut이라는 명칭이 따로 있어요. 민간 우주인.

최— 멋있는걸요?

원— 제가 산티아고 길을 걸을 때 스스로 순례자가 됐거든요. 웃으실지 모르지만, 순례자들의 프라이드는 엄청나요. 그때 당시 순례길에 잠시 잠깐 끼어드는 관광객들을 얼마나 무시했는지 몰라요. '우리는 너희와 다르다. 20일째 10킬로그램이 넘는 배낭을 메고 시커멓게 그을려가며 행군한다. 관광객들은 고작 2~3일 놀다 가는 거 아니냐. 너희랑 이야기도 안 하겠다'. 혹시 우주인들도 이런 텃세 있나요?

연— 실제로 전문 우주인들과 투어리스트들 사이에는 묘한 긴장이 있어요. 왜냐하면 러시아나 미국에는 평생 우주인이 되려는 꿈을 안고 목숨 걸고 20~30년 동안 훈련을 받았는데, 아직도 대기 중이라 한 번도 비행을 못 한 분들도 있어요. 그런 분들이 20년 투자해도 못 한 걸 누군가는 한순간에 300억을 내는 것만으로 하는 거잖아요. 허무할 거예요. 그런데 우주인들은 굉장히 엄격한 인성 검사를 통과한 사람들이에요. 인격적으로 훌륭한 분들이죠. 그래서 대놓고 '나 너 싫어' 이러진 않아요. 예의는 지키되 약간의 거리를 두죠. 투어리스트들도 마찬가지로 불편해요. 같은 나라 사람이라도 누구는 어깨에 미국 국기를 달고 러시아에서 훈련을 받고, 누구는 트레이닝복 입은 채로 훈련받고. 서로 불편할 수 있죠. 투어리스트들은 '나 너무 피곤해' 하면 바로 훈련 그만할 수 있어요. 그런데 전문 우주인은 피곤하단 말도 못 해요. 일이니까요.

하지만 저는 말 그대로 중간에 껴 있는 사람이었기 때문에 양쪽 모두와 전혀 부담 없는 관계를 이룰 수 있었어요. 저에게는 정말 큰 이점이었죠. 투어리스트 입장에선 훈련소에 있는 모든 사람 중에서 자기랑 가장 가까운 사람이 저인 거예요. 저는 1년 훈련받지만 한 번밖에 못 가는 데다가, 우주에 몇 번씩 다녀오는 테스트 파일럿도 아니잖아요. 또 전문 우주인들 입장에선 제가 재수가 좋거나 돈이 많아서 가는 투어리스트와는 다르게 대한민국 정부의 명령으로 여기서 훈련받는 사람이라서 전문 우주인들도 저를 가깝게 느껴요. 덕분에 저는 양쪽 사람들의 객관적 느낌이나 이야기들을 진솔하게 들을 수 있었어요. 저에게는 큰 장점이었죠.

용― 궁금한 게 또 있어요. 미국인들이 러시아 우주선을 얻어 타는 거잖아요?

연― 아니에요. 얻어 타는 게 아니라 승차권을 사요. 어떻게 보면 얻어 탄다는 느낌이 들 수도 있겠네요. 어쨌든 자기 나라 우주선은 아니니까요. 미국은 셔틀이 2011년에 마지막으로 비행한 후, 아직 새로운 우주선 개발이 완료되지 않았어요. 그래서 러시아와 계약해서 미국 우주인을 우주정거장으로 실어 나르고 있죠.

원— 돈을 낸다는 거죠?

연— 네. 승차권이 어마어마하게 비싸요. 11일을 체류하고 돌아오는 투어리스트들이 거의 500억에 가까운 돈을 내는 정도니까 3개월, 6개월, 길게는 1년까지 체류하는 미국 우주인들의 경우엔 우주인 한 명 비행을 위해 러시아에 내는 돈은 그보다는 많을 수도 있을 것 같아요. 또 단체로 계약을 하는 거니까 어느 정도 할인을 해줄 수도 있지 않을까 하는 생각도 들고요.

용— 아, 그렇군요. 어쨌든 미국과 러시아는 원래 우주개발을 경쟁하던 나라였잖아요? 그런데 자기 나라 우주선이 아니라 경쟁하던 상대방 나라 우주선을 타고 가는 거에 대한 불편한 마음이 있을 것 같아요.

연— 아이러니하긴 해요. 그런데 미국과 러시아의 우주 연구 협력이 갑작스레 일어난 일은 아니에요. 셔틀이 은퇴한다고 공식적으로 발표하고 나서, 2011년에 실제로 은퇴하기까지 몇 년이라는 시간이 걸렸어요. 그동안 적응 기간을 거쳤죠. 미국 우주인 입장에서는 자국의 자존심보다 '내가 우주를 갈 수 있느냐 없느냐'가 더 중요한 문제이기 때문에 국가 간의 긴장은 그렇게 큰 문제는 아닐 거라는 생각도 들어요.

용─ 어느 나라든 간에.

연─ 미국 우주인들은 두 부류로 갈려요. 셔틀만 탄 사람과 셔틀과 소유스를 둘 다 탄 사람, 두 부류가 있습니다. 셔틀과 소유스를 둘 다 타는 사람들에게는 그들만의 자부심이란 게 있어요. 왜냐하면 셔틀만 타는 사람은 러시아어를 배울 필요도 없거든요. 물론 우주정거장에서 러시아 사람과 교류할 수도 있지만, 셔틀만 타는 우주인의 대부분은 허블 망원경이 목적이에요. 둘 다 타는 사람은 무조건 ISS에 가는 사람들이고요. 하지만 셔틀로 올라갔다 내려온다 해도 소유스 훈련은 필수로 받아야 해요. 비상 상황 시 탈출은 무조건 소유스거든요. 그래서 ISS에는 항상 소유스가 붙어 있어요. 셔틀에 문제가 생기면 소유스로 내려와야 하니까, ISS에 올라가는 모든 우주인은 소유스 훈련을 반드시 받아야 해요. 어쨌든 미국의 셔틀이 은퇴한 다음부터 지금까지 우주인 수송 업무는 소유스가 전담하고 있기 때문에 지금 소유스를 타는 사람은 원래 둘 다 타다가 지금은 소유스만 타게 된 사람이 대부분이에요. 소유스냐 셔틀이냐에 대한 반감이 지워진 상태이기 때문에 그런 힘겨루기도 없지 않을까 싶은데요.

70쪽 | 값 48,000원

천체투영기로 별하늘을 즐기세요!
이정모 서울시립과학관장의
'손으로 배우는 과학'

make it! **신형 핀홀식 플라네타리움**

86쪽 | 값 38,000원

나만의 카메라로 촬영해보세요!
사진작가 권혁재의
포토에세이 사진인류

make it! **35mm 이안리플렉스 카메라**

Vol.03-A 라즈베리파이 포함 | 66쪽 | 값 118,000원
Vol.03-B 라즈베리파이 미포함 | 66쪽 | 값 48,000원
(라즈베리파이를 이미 가지고 계신 분만 구매)

라즈베리파이로 만드는
음성인식 스피커

make it! **내맘대로 AI스피커**

74쪽 | 값 65,000원

바람의 힘으로 걷는 인공 생명체
키네틱 아티스트
테오 얀센의 작품세계

make it! **테오 얀센의 미니비스트**

74쪽 | 값 188,000원

사람의 운전을 따라 배운다!
AI의 학습을 눈으로 확인하는
딥러닝 자율주행자동차

make it! **AI자율주행자동차**

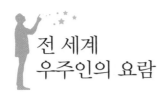

전 세계
우주인의 요람

원— 착륙하는 것부터 시작했지만 다시 처음으로 돌아가보겠습니다. 먼저 훈련을 얼마나 하신 거예요?

연— 딱 만 1년 받았어요.

원— 꽉 채워서?

연— 네. 3월에 가서 4월에 우주로 갔어요. 그런데 중간에 4주 정도 한국에 들어왔었으니까 딱 1년이었어요.

원— 훈련 기간에 일요일은 쉬나요?

연— 네, 쉬어요. 러시아 우주인들도 월요일부터 금요일까지 훈련하고 토요일, 일요일은 쉬니까요.

K2— 주5일 근무제.

연— 맞아요. 그런데 가끔 연휴가 너무 길면 토요일에도 훈련했어요. 또 훈련을 3~4일 내내 연속해서 해야 하면 주말에도 훈련하고요.

원─ 사실 이소연 박사님이 훈련받을 때가 제가 SBS에서 다큐멘터리 〈코난의 시대〉를 만들고 있을 때였어요.

용─ 그 다큐멘터리가 제42회 휴스턴 국제 영화제에서 대상도 받았죠?

원─ 네. 다큐멘터리를 만들 때 옆에서 다른 팀이 이소연 박사님 프로그램을 제작하고 있었는데, 거기 자료로 우주센터에서 소유스 훈련을 하는 영상들이 있었어요. 그걸 번역할 사람이 없는 거예요. 그걸 번역하려면 영어도 할 줄 알아야 하고, 과학도 조금 알아야 하고, 방송에 대한 이해도 있어야 했거든요. 어쩌다 보니 저한테까지 온 거예요. 결국 제가 그 테이프를 들으면서 번역했어요. 그때 ISS 매뉴얼도 다운로드 받았어요. 인터넷에 있더라고요.

용─ 기밀 아니에요?

연─ 훈련소에서 받는 건 기밀confidential 도장이 찍혀 있어요.

원─ 그런가요? 어쨌든 인터넷에서 찾아서 매뉴얼 보면서 용어 익히면서. 더듬더듬 번역했던 기억이 나요. 용어가 어렵더라고요.

연─ 다 줄임말이에요.

원─ 그런데 영상 속 장소들에서 소음이 엄청 심하더라고요?

연─ 네, 팬fan이 항상 돌아가서 엄청 시끄러워요.

원— 영상을 보고 있으면 기계도 엄청 많고, 소음도 굉장해요. 부담스러운 상황, 스트레스를 주는 상황들이 영상에서 계속 이어져요. 환경이 주는 스트레스가 굉장하지 않았을까 하는 생각이 들더라고요.

연— 사실 전문 우주인들이나 저에게는 고된 훈련과 환경이 주는 스트레스가 그다지 크지 않아요. 뭔가 새로운 것을 배우고 궁금한 걸 알아가는 것만으로도 즐거운 일인 데다가, 무려 우주인 훈련소에서 경험한다는 것 자체가 너무 흥분되는 일이니까요. 하지만 제가 후보 시절일 때에도, 마지막에 비행할 때도 한국에서 저를 지켜보는 시선들에 보답하는 게 훨씬 더 힘들었어요. 저와 고산 씨를 지켜보면서 어떤 생각을 하고 어떤 이야기를 할까에 대한 막연한 두려움도 있었고, 그렇기 때문에 조심스럽기도 했어요. 저희는 최선을 다하고 있다고 생각하지만, 상황을 전혀 모르는 사람이 볼 땐 논란의 여지가 되는 것들이 가끔 있거든요. 예를 들면 이런 것들이요. 저희는 훈련받을 때 복장 제한이 전혀 없었어요. 그래서 찢어진 청바지를 입고 훈련을 받은 적이 있어요. 그런데 공교롭게도 보도자료에 그날 복장이 사진으로 나간 거예요.

용— 한국을 대표하는 사람이 만리타국 러시아, 저 엄중한 우주센터에서 찢어진 청바지를 입고 있었네요.

연— 보기에 안 좋으셨나 봐요. 며칠 후에 전화가 왔는데, "이소

• 소유스 시뮬레이터 내부에서 훈련 중일 때 찢어진 청바지를 입고 있었다 •

연 씨 내일부터는 찢어지지 않은 청바지를 입어줬으면 좋겠다"
라고 말씀하시더라고요.

K- 그 정도면 매우 부드러웠네요?

연- 우주인이라서 그랬는지 화를 내지는 않으셨어요. 또 어느
날에는 갑자기 시계를 선물로 주시는 거예요. 저와 고산 씨에게
같은 시계를 하나씩 주셨어요. 저는 여자라고 오렌지색 시계,
남자인 고산 씨는 검은색 시계요. 갑자기 뜬금없이 왜 시계를
주시나 의아해했었죠. 무슨 이유로 시계를 다 주시나 했는데,
알고 봤더니 제가 레고 시계를 찬 모습이 보도자료로 나갔더라

고요. 알록달록 장난감처럼 보이는 시계요. 누가 그걸 보셨나 봐요.

용— 진짜 그래서 시계를 보낸 거예요?

연— 유치해 보였나 봐요. 서른이 다 된, 나라를 대표하는 우주 인이 알록달록한 시계를 차고 있으니 안 좋게 보일 수도 있었을 것 같아요. 우리나라에선 그런 시계를 초등학생만 찬다고 생각 하시니까요. 어쨌든 그런 일들을 몇 번 접하다 보니까 행동 하 나하나를 조심하게 되더라고요. 보는 사람들이 우리 의도와 다 르게 생각하면 어떡할지가 고민됐었어요.

• 알록달록한 레고 시계를 차고 러시아어 수업을 들었다 •

K2— 제가 박사과정 시절 교수님이 저보고 해외 학회를 다녀오라 하시더라고요. 보통은 교수님이 같이 가서 발표하는 걸 지켜봐주세요. 그런데 혼자 가라는 거예요. 미국도 생소하고, 학술대회는 더 생소하니까 발표할 때 무슨 옷을 입을까부터 고민이 되더라고요. 밤색 넥타이, 검은 구두, 정장을 입고 갔어요. 발표하려고 앞에 섰더니 앉은 사람들은 캐주얼 차림에 한 손에는 햄버거를 든 채로 편안하게 앉아 있더라고요. 앉아있는 사람들이 앞에 선 저에게 '쟤는 왜 저러고 있나'라는 식으로 쳐다봤어요. 재밌는 건 비슷한 복장을 한 사람들이 있었는데 일본인들이었어요. 마찬가지로 우리나라도 우주인 처음 내보내는 것이니까 낯설기도 하고 생소하기도 해서 더 그랬을 거 같아요.

용— 2018 평창올림픽이 끝나고 남북 아이스하키 단일팀이 회식을 했잖아요? 그때 한국 선수들은 운동복 입고 앉아 있는데, 북한 선수들이 정복을 입고 있더라고요. 그런 느낌일까요?

연— 맞아요. 처음이다 보니 작은 것에서부터 신경이 쓰이더라고요. 제 행동 하나하나가 기사화되고 러시아 현지 상황을 잘 모르는 사람들 입장에선 별 의도 없이 한 행동도 다르게 볼 수 있죠. 그런 것에 대한 부담감에서 오는 스트레스가 더 힘들었어요. 그런데 고마웠던 건 러시아 현지 사람들이 종종 먼저 지적해주세요. "너희가 한국 언론에 이렇게 비치면 오해가 생길 수도 있어"라고 말이에요. 그래서 제가 "어떻게 알아?"라고 되물으니까 "우리가 여러 나라 최초 우주인만 서른 명 넘게 겪었어" 라는 거예요.

최— 그렇겠네요.

연— 그분들은 본국에서 어떤 반응을 하는지 너무 많이 겪은지라 별 희한한 상황을 다 본 거죠.

K2— 전 세계 우주인 양성소.

연— 맞아요. 그분들이 의외로 많이 도와주셨어요.

원— 별 경험들을 다 갖고 계시니까. 우주를 상상할 때 이런 상상 하잖아요. ISS에 있는 큰 창문을 통해 내려다보는 동그란 지구.

연— 안타깝게도 제가 갔을 때는 큰 창문이 없었어요. 큐폴라라고 하는 창문이 유명해요. 큐폴라도 구형은 아니에요. 구형으로 만들게 되면 크기가 꽤 커져서 그대로 보내기 힘들 것 같기도 하고, 태양의 빛이 강렬할 때 유리창을 가려야 하는 부분도 있고 해서 사다리꼴 모양의 창문을 여러 개 붙여서 반구형 비슷한 창문을 만든 것인데요. 저 내려오고 2~3년 뒤에 만들어졌으니까 아쉽게도 저는 그 창문으로 밖을 보진 못했어요. 제가 있

> **큐폴라** 큐폴라Cupola는 ISS에 설치된 모듈로 돔형 창을 통해 360도로 우주의 파노라마를 볼 수 있다. 맨 위의 창은 지구를 정면으로 마주 보고 있으며, 정거장에서 가장 큰 31인치의 창이다. 이곳을 통해 로봇 팔을 조종하는 등 정거장 바깥의 작업을 쉽게 지휘할 수 있다.

을 때 가장 큰 창문은 러시아 모듈 안에 있던 지름 1미터 정도 되는 창문이 제일 큰 창문이었어요. 그 창문을 통해 지상을 내려다보고, 대기 움직임 관측하고, 밤에 지상에서 올라오는 빛의 사진을 찍고 했었죠. 그런데 그 창문을 통해 내려다봐도 지구가 둥글게 보이지는 않아요.

최— 세상에. 플랫어스 소사이어티와 어떻게 싸워야 하죠?

원— 다른 증거들로 싸워야겠네요.

연— 왜 둥글게 보이지 않냐면 우주정거장이 상공 300~400킬로미터에 있으니까요. 인간의 시야를 고려했을 때 옆으로도 300~400킬로미터 정도가 최대로 볼 수 있는 범위예요. 지구의 지름이 1만 2,756킬로미터니까 그렇게 보일 리가 없죠. 그 당시 창문으로는 심지어 한반도도 한눈에 들어오지 않았어요. 서울 쪽을 지날 때는 제주도가 안 보였고, 제주도 지날 때는 서울이 안 보였어요. 기껏 해봐야 500~600킬로미터 정도만 한눈에 볼 수 있었어요.

최— 지금은 보일까요?

연— 지금도 둥근 지구를 볼 순 없을 거예요. 지구의 일부만 볼 수 있지 않을까요? ISS에서도 완전히 둥근 지구를 볼 순 없지만, 둥근 지평선은 보여서 지구가 둥글다는 사실은 알 수 있죠.

원— 플랫어스 문제는 해결됐네요.

연— 그쪽 사람들은 이 이야기조차도 지어낸 이야기라고 하시더

•ISS 모듈 내부의 창문 너머 지구가 보인다 •

라고요.

용 ─ 착시효과라고 주장하시더라고요.

연 ─ 심지어는 우주를 간 적도 없다고 주장하기도 해요.

원 ─ 조심스럽게 여쭤볼게요. 혹시 그런 가능성은 없나요?

연 ─ 제가 우주에 다녀오지 않았다는 의혹보다 더 무성한 의혹
을 가진 사건이 있죠? 바로 <u>아폴로 달 착륙</u>이요. 항간에는 '아
폴로가 달에 가지 않은 20가지 증거' 같은 것들이 돌아다니기
도 해요. 저도 아폴로를 타고 달에 다녀온 건 아니다 보니, 그

플랫어스 소사이어티   플랫어스 소사이어티Flat Earth Society는 '평평한 지구
학회'라고도 하며, 지구가 둥글다기보다 평평하다고 믿는 사람들의 모
임이다. 유사과학의 지지자들이나 종교 서적의 직해주의자들이 근간을
이룬다.

아폴로 달 착륙   아폴로 계획Project Apollo은 1961년부터 1972년까지 나사에
의해 이루어진 유인 우주비행 탐사 계획이다. 1961년 소련의 유리 가가
린이 최초의 우주비행에 성공하여 소비에트의 기술력에 위기감을 느낀
케네디는 소련과의 우주탐사 경쟁에서 우위를 차지할 방안을 모색했고
인간을 달에 착륙시킨 후 무사히 지구로 귀환시키는 것을 골자로 하는
아폴로 계획을 선포했다. 아폴로 계획은 1969년 아폴로 11호에 의해 달
성되었고, 그 뒤로 1970년대 초반까지 여섯 차례 달 착륙에 성공했다.
아폴로 11호의 달 착륙 성공 여부에 대해서는 이후로 끊임없는 음모론
이 제기되었는데, 대표적으로 윌리엄 찰스 케이싱William Charles Kaysing이 출
판한 『우리는 달에 가지 않았다We Never Went to the Moon』와 달에서 찍은 영상이
사실 할리우드 영화 촬영 세트에서 제작되었다는 플랫 소사이어티의
음모론 등이 유명하다.

런 영상을 보면 솔깃하기도 해요. '정말 안 간 거 아냐?' 같은 생각을 하기도 했고요. 그런데 운 좋게도 제가 러시아에서 훈련을 받는 중에 아폴로 우주인 한 분이 훈련소에 오셨어요. 나사의 어드바이저advisor로 오셨더라고요. 다 같이 모여 밥 먹는 조촐한 파티를 한다고 해서 저도 갔어요. 거기에 할아버지 한 분이 계시길래 그분이 아폴로 우주인 줄도 모르고 옆에 앉았어요. 그랬더니 어떤 우주인이 귓속말로 "저 사람 아폴로잖아" 하더라고요. 그래서 소심하게 말은 못 하고 계속 힐끔힐끔 쳐다보기만 하고, 인사도 못 하고 앉아만 있었어요. 그랬더니 그분이 저한테 "너 한국에서 온 애라면서"라며 말을 거셨어요. 그 덕분에 이런저런 이야기를 하게 됐는데 이야기를 하는 중에도 저는 '아폴로 의혹에 대해서 어떻게 생각하세요?'라고 너무너무 묻고 싶은 거예요. 그런데 다녀온 사람한테 진짜 예의 없는 질문이잖아요.

원— 마치 부처한테 '당신 깨달았어?' 묻는 것 같은 질문이네요.

연— 네. 그런데 정확한 대답을 들을 수 있는 건 그분이잖아요. 그래서 계속 말은 못 하고 다른 이야기만 하고 말을 빙빙 돌리기만 했죠. 그랬더니 그분이 알아채시더라고요. 그러면서 "뭐든 궁금하면 물어봐"라고 하셨어요. 똥 마려운 강아지처럼 눈치만 보니까요. 그래서 "제가 뭐 궁금해하는지 아시잖아요" 하면서 웃었어요. 그분이 "내가 미국 사람이니 미국식으로 설명

해줄게. 너 그 시절에 그 정도의 컴퓨터 그래픽으로 전 세계 사람들을 속이는 데 드는 비용이 얼마인 줄 아니? 달에 진짜로 가는 것보다 훨씬 비쌀 거야"라고 하는 거예요.

최— 바로 믿음이 가는데요?

연— 지금처럼 컴퓨터 그래픽이 좋을 때면 모르겠지만, 1960년대는 컬러모니터도 없던 시절이에요. 그분이 그렇게 이야기하니까 저도 확 와닿더라고요. 저도 속으로 '그래, 맞아. 지구의 모든 사람을 속이려면 돈이 어마어마하게 들겠다'라고 생각했어요. 그러면서 그분이 덧붙이는 말이 "갔다 오는 척하는 것보다 달에 갔다 오는 게 빠르고 싸"였어요. 그 표정이 너무 여유롭더라고요. '내가 진짜 대단한 분을 두고 말도 안 되는 의심도 하고 질문을 했구나' 싶었어요. 화를 내셔도 할 말이 없었을 텐데, 그분은 '그래, 궁금할 만하지' 하며 천진난만하게 웃고 계셨어요.

원— 달 착륙에 대한 의문을 가진 분들이 여전히 있을 거예요. 팟캐스트 듣는 분 중에는 별로 없겠지만 말입니다. 그런데 논란이 되는 건 아폴로 11호의 달 착륙 여부예요. 아폴로 12호부터는 논란의 여지가 전혀 없어요. 아폴로 12호는 달에서 31시간 동안 있다가 왔어요. 만약 11호가 다녀온 것이 거짓이라면 이후 상황도 계속 속여야 했겠죠.

연— 우주에 올라가면 방송을 해야 해요. 그런데 우주인들이 가장 힘들어하는 게 방송이에요. 원래 직업이 조종사, 공학자, 과학자니까 연기, 진행, 설정같이 방송에 관련된 상황을 몹시 불편해하고 힘들어해요. PD가 '마음에 안 든다, 다시 찍어라. 아까 거기부터 다시 해봐라, 편집에 필요하니 방금 한 이야기 다시 해달라' 같은 것들.아폴로 11호 달 착륙이 거짓이라는 증거로 성조기가 펄럭이는 걸 내세우잖아요. 그런데 어느 나라든 국기는 펄럭일 때 감동해요. 액자 속 국기를 보고 눈물을 흘리진 않아요. 그런데 달에 착륙한 모습을 찍어 보내니 성조기가 너무

스탠리 큐브릭 스탠리 큐브릭Stanley Kubrick은 영화 역사상 가장 혁신적인 영상을 만들어낸 미국의 영화감독이다. 기술적으로 높은 완성도를 추구하고, 창의적인 촬영 기법으로 미려한 영상을 만들어 많은 영화감독에게 큰 영향을 끼쳤다. 테크놀로지에 지대한 관심을 지녔던 그의 작품들은 특수효과의 교과서로 불린다. 대표작으로는 〈샤이닝The Shining〉, 〈시계태엽 오렌지A Clockwork Orange〉, 〈2001: 스페이스 오디세이 | 2001: A Space Odessey〉 등이 있다.

베르너 폰 브라운 베르너 폰 브라운Wernher von Braun은 독일 출신의 미국인 로켓 과학자이다. 나치 독일과 협력하여 V-시리즈 로켓을 개발하였고 그중 인류 역사상 처음으로 우주에서 지구를 촬영한 V-2 로켓이 유명하다. 나치 독일의 패망 후 미 육군과 나사에서 일하며 머큐리 계획, 아폴로 계획의 우주개발을 책임졌다. 미 육군 소속 시절 월트 디즈니사와 손을 잡고 우주개발에 대한 여론을 환기시키기 위한 홍보 프로그램 시리즈를 제작하기도 하였다. 나사 재직 중에는 아폴로 11호의 추진 기관인 새턴-V를 만들어 우주개발에 크게 공헌하고 미국에서 유명인사가 되었다.

반듯한 거예요. 그래서 다음에 간 우주인에게 국기 끝을 살짝 흔들어서 펄럭이게 하라는 요청을 하기도 했대요.

용― 영상을 자세히 보면 국기를 꽂고 일부러 흔드는 모습이 찍혀 있어요.

원― 그런 건 쉽게 조작할 수 있지 않나요? 스탠리 큐브릭 감독님이라면 가능할 것 같아요.

용― 지구였다면 공기 때문에 유체의 흐름이 보였을 텐데, 깃발 끝이 진자 운동처럼 움직이잖아요.

K― 우주에서 한 번 흔들린 깃발은 잘 안 멈춰요. 가서 잡아야 해요.

K2― 아폴로 프로젝트에 천문학적인 돈이 들어갔잖아요. 그 돈이 모두 국민들 주머니에서 나왔으니, 국가 프로젝트에 대한 정당성을 확보하려면 국민들을 감동하게 할 필요도 있을 것 같아요. 베르너 폰 브라운 박사는 월트 디즈니사The Walt Disney Company 랑 같이 다큐멘터리도 만들었잖아요.

연― 그럼요. 그런 상황에서 국기는 얼마든지 흔들어야죠.

원― 아폴로도 달에 갔다 왔고 이소연 박사님도 우주에 다녀오셨습니다.

How to
우주인

최— 우주인은 어떤 훈련을 받는지도 궁금해요.

연— 초반에는 대부분 이론 훈련을 받아요. 학교 다니는 느낌이
었어요. 생명유지장치는 어떤 방식으로 작동하는지 같은 이론
적인 것들을 배웁니다. 원리를 알아야 문제가 생겼을 때 해결
할 수 있으니까요. 매뉴얼만 가르쳐주는 게 아니라 기본 원리
를 자세히 알려줍니다. 우주정거장의 자세한 설계도면까지 보
여주진 않지만, 약식 도면까지 보여줍니다. 우주정거장이 대략
어떻게 생겼는지, 어떤 식으로 운용되는지, 비상시에는 어떻게
해야 하는지에 대한 것들을 아주 자세히 알려줘요. 심지어 우주
에서 먹는 음식은 어떤 식으로 처리되었고, 우리가 어떻게 먹어
야 하는지도 배워요. 이론 훈련은 대략 6개월 정도 받습니다.
그리고 훈련의 절반은 러시아어 강의예요.

• 소유스 우주선에 대한 이론 훈련 •

용— 러시아어를 원래 할 줄 아셨어요?

연— 아뇨. 알파벳도 모른 채로 갔어요.

최— 1년 만에 의사소통할 수 있을 정도로 능통해진 거예요?

연— 어쩔 수 없는 상황이었어요. 러시아어 수업을 날마다 네 시
간씩 받았어요. 선생님 한 분에 고산 씨와 제가 학생의 전부예
요. 그래서 수업 중에 딴생각만 해도 '소연이 너 무슨 생각해?'
라고 선생님께 지적당해요. 게다가 숙제 검사를 할 필요도 없
어요. 다음 수업 하다 보면 숙제를 했는지 안 했는지 바로 알 수

있거든요. 숙제도 무진장 많았어요. 언어를 익히는 데에는 연습하고 외우고 스스로 체화하는 시간이 수업보다 훨씬 더 중요하잖아요. 훈련을 끝내고 숙소로 돌아간 다음 서너 시간 동안 러시아어 숙제를 해야 했어요. 문장도 쓰고 다음 수업 때 말할 거리도 준비해야 해요. 그중에 제일 싫은 건 수업 시작할 때 묻는 '어제 뭐 했니? 어제 어땠니?' 같은 질문이에요. 날마다 그 전날 그 질문에 러시아어로 대답할 준비를 미리 해야 해요. 일기 쓰듯이 '내일 어떤 이야기를 해야 하지?' 하는 게 매일 저녁 잠들기 전 가장 큰 숙제였어요.

K2- 학창 시절 일기 쓸 때 마지막 문장으로 썼던 '참 좋은 하루였다' 정도로 끝나진 않았을 텐데요.

연- 맞아요. '좋았어요' 하고 끝나면 안 돼요. 그러면 '뭐가 좋았는데, 왜 좋았지?'라고 꼭 되물으시거든요. 나중에는 초등학생 때처럼 내일 할 이야기를 미리 준비했어요. '이거 했다고 내일 말해야지' 같은 식으로. 그런데 더 힘들었던 건 러시아어 수업이 끝나도 다음 훈련을 러시아 교관이 러시아어로 훈련을 시키는 거예요. 물론 그때는 통역관이 영어로 통역을 해주긴 했지만요. 그래도 훈련의 반은 러시아어를 듣는 거잖아요. 게다가 훈련 끝나고 숙소에 돌아와도 부대 전체가 러시아어로 대화를 해요. 가게나 식당도 마찬가지고요. TV도 러시아 방송만 나왔어요. 24시간 러시아어 수업시간 같았죠. 그래서 빨리 배운 것 같아요.

또 러시아어를 더 빨리 배울 수밖에 없었던 이유에는 공산사회 잔재가 남아 있는 영향도 있었어요. 남대문 시장에 가보면 한국말을 전혀 못 하는 외국인들에게 물건을 팔아야 하니까 장사하는 분들이 기본적인 의사소통을 위한 영어를 배우시잖아요. 그분들 생활영어가 굉장히 훌륭해요. 영어로 가격 알려주고, 전자계산기에 숫자 찍어서 얼마라고 알려주기까지 하면서 적극적으로 판매를 해요. 많이 팔면 더 많이 이익을 얻으니까요. 그런데 공산주의 사회는 일을 많이 하든 적게 하든, 정해진 월급을 받게 되잖아요. 그런 상황에 익숙한 군부대 안 상점 사람들은 놀랍게도 저한테 물건을 팔려는 의지가 전혀 없어 보였어요. 제가 문을 열고 상점 안으로 들어가면 갑자기 모든 직원이 바삐 움직이더라고요.

용— 말 시킬까 봐?

연— 네, 말 시킬까 봐.

원— 그런 건 전 세계 어디나 다 비슷하네요.

연— 안 하던 청소를 한다든가, 안 하던 정리를 하기 시작해요. 제가 '저기요' 불러도 못 들은 척하고요.

용— 갑자기 전화도 걸죠?

연— 맞아요. 그러니까 제가 러시아어를 배우지 않으면 먹고사는 데 문제가 생기는 거예요. 훈련소에는 우주인 식당이 따로

• 유리 가가린 훈련센터 내부의 상점 •

있어요. 우주인 식당이 메뉴도 제일 좋고 맛있대요. 그런데 저
는 한국 사람이라 그런지 러시아 음식이 전혀 입에 맞지 않더라
고요. 또 식당에 각자 자리도 정해져 있어요. 자기 자리가 아닌
다른 자리에 앉으면 혼나요. 정해진 자리에 앉으면 식당 할머님
이 오셔서 "오늘의 메뉴는 이것, 이것인데 뭐 먹을래?"라고 물
어요. 당연히 러시아어로요. 제가 싫어하는 음식을 피하려면
메뉴 이름을 대강은 알아야 해요. 그런데 한 달은 아무 말도 못
한 채로 꿀 먹은 벙어리였잖아요? 제가 아무 말 못 했더니 그분

기분 내키는 대로 주시는 거예요. 몇 번 먹었더니 싫어하는 음식이 생기더라고요. 그걸 안 먹으려면 최소한 메뉴 이름은 기억해야 해요. '이건 싫어요'라고 말하는 게 최우선이었어요. '저거 주세요'라고 말하는 거까진 바라지도 않았어요. 어쨌든 그런 이유로 러시아어가 빨리 는 거 같아요. 어쨌든 초반 6개월 동안은 이론 훈련을 주로 받았어요. 이후 6개월 동안은 비행 모사 훈련을 받았어요. 그런데 그때부터는 통역관이 들어오지 못해요. 소유스와 똑같이 생긴 곳에 세 사람이 들어가서 훈련받거든요. 소유스 안에 세 명 우주인이 들어가면 꽉 차서, 통역관이 들어올 공간이 전혀 없어요. 물론 만일을 대비해서 통역관이 있기는 해요. 통제소에서 무전으로 듣고 있거든요. 제가 너무 못 알아듣는 것 같으면 가끔 끼어들지만, 그때부터는 거의 통역 없이 교육이 진행돼요.

용— 일반인들은 영화 〈그래비티〉에서 소유스 내부 모습을 처음 봤어요. 영화 속 모습이랑 실제랑 비슷한가요?

연— 거의 똑같아요. 외형만으로는 기술을 따라 할 수 없기 때문에 외형을 감추진 않아요. 심지어 러시아는 소유스 캡슐도 팔아요. 실제로 비행한 소유스 캡슐이요.

K— 박물관 같은 곳에서 전시용으로 사용하겠네요.

연— 팔 때는 중요한 부품들을 다 뜯어내고 껍데기만 남긴 채로 팔아요. 아까 얘기했던 투어리스트 있죠. 찰스 시모니는 250억

• 우주인 식당의 정해진 자리에 러시아어로 음식 관련 단어를 써서 붙여놓았다 •

내고 한 번, 300억 내고 한 번, 두 번 우주에 다녀온 다음 소유
스 캡슐까지 샀어요.

원— 기념품으로 딱 맞네요.

연— 캡슐을 파는 정도니까 내부를 똑같이 만드는 건 어려운 일
이 아니에요. 냉전 시절에는 비밀이었을 테지만 지금은 미국
사람도 소유스 캡슐을 타니까 비밀로 할 수가 없죠. 〈그래비
티〉의 모습은 실제랑 거의 똑같다고 생각하시면 돼요. 어쨌든
그 안에서 실제 비행과 똑같은 상황, 똑같은 스케줄대로 기다
릴 건 기다리면서 훈련을 받아요. 그때가 제일 재밌어요. '진

• 2017년 4월 첫 번째 우주비행 후 귀환 파티에서 만난 찰스 시모니 •

짜 비행하면 이런 느낌이겠구나' 간접적으로 느끼죠. 백업이
었기 때문에 더 신났을 수도 있어요. 진짜를 경험할 수 없었기
때문에 '우주에 가면 이렇겠구나' 하는 흥분감이 있었던 것 같
아요. 게다가 저는 백업이었기 때문에 함께 훈련받는 우주인
동료들이 나긋나긋하게 설명을 너무 잘해주셨어요. 실제로 제
백업 커맨더는 스스로 자기를 저의 오빠라고 자처하더라고요.
나이도 저보다 많았고, 아주 친했어요. 아내에게도 저를 동생
이라고 소개하기도 했어요. 어쨌든 비행 모사 훈련을 받을 땐

• 함께 훈련받은 백업 크루. 커맨더 막심 수라예프(가운데),
엔지니어 올레그 스크리포치카(오른쪽) •

통역도 없이 문제 해결을 최대한 저희에게 맡겨요. 실제처럼
요. 지금까지 배웠던 이론이 실제가 되니까 되게 재밌었어요.

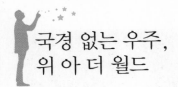

국경 없는 우주,
위 아 더 월드

최 – 고산 씨에서 이소연 박사님으로 우주인이 바뀌었단 이야기
는 언제 들으신 거예요?

연 – 카자흐스탄으로 떠나기 거의 직전에요. 카자흐스탄에 가기
3~4일 전?

원 – 그럼 우주로 출발하기 한 달 전에 결정된 건가요?

연 – 카자흐스탄으로는 발사하기 2~3주 전에 떠나니까 한 3주
전에 알게 됐어요. 그런데 재밌는 건 바뀌었다는 사실이 알려
지자 나사 마케팅 담당 직원이 저한테 찾아와서 '너희 일부러
이런 거지?'라고 묻더라고요. 제가 '왜?'라고 되물었더니 갑자기
바뀌는 바람에 국제적으로 엄청난 마케팅 효과가 있을 거라고
하더라고요.

최 – 드라마틱한 각본!

연─ 저도 간접적으로나마 화제가 된 걸 느낄 수 있었어요. 한국에서 우주인을 최초로 보내는 것도 세계적 이슈이기는 하지만, 고산 씨가 간다고 할 때만 해도 '예상대로 남자가 가는구나' 했거든요. 그런데 갑자기 저로 바뀌니까 '왜 바뀌었지'에서부터 시작해서 '한국은 대체로 남자들의 나라로 알고 있었는데 여자가 간다고?' 라는 반응을 느낄 수 있었어요. 가기 직전에 카자흐스탄에서 기자회견 할 때 러시아, 한국뿐만 아니라 유럽이나 다른 나라 기자들도 몇 명 와요. 그런데 제가 가기 직전 기자회견장에 모인 기자들이 갑자기 엄청 많아졌어요. 원래 러시아, 미국, 한국 정도에서나 올 텐데, 갑자기 영국, 프랑스에서도 취재진이 온다고 알려 왔어요. 게다가 여성 인권에 관심이 많은 유럽의 다른 선진국들에서 취재 요청이 오기도 했어요. 그러다 보니 나사 홍보담당자 입장에선 '얘네 미리 계획한 거야?'라고 생각할 수도 있었을 것 같아요. 한국이 우주에 사람을 보낸다고 국제적으로 떠들썩하게 알리기 위해 연출한 것 같은 느낌이 들었겠죠. 저도 그 질문을 받자 '어떻게 이런 생각을 할 수 있지? 역시 미국이란 나라의 상상력이란'이라고 엄청나게 놀랐어요.

바뀌고 나서 제일 걱정됐던 건 외부의 시선이 아니라 같이 비행할 사람들이었어요. 아까 말한 것처럼 훈련의 절반 정도는 같이 비행할 사람과 함께 훈련해서 호흡을 맞추잖아요. 그런데 저는 같이 올라갈 사람들과 거의 합을 맞추지 못했어요. 10년 지

• 소유스 로켓으로 ISS까지 함께 비행한 우주인들과 함께 •

났으니 이제야 속 시원하게 말하자면, 바뀐다고 발표하기 일주일 전부터 이미 바꿔서 훈련하고 있었는데도 겨우 2~3일 맞춰본 게 다예요. 그때 발표하기 전에 한국의 어느 기자분이 바꿔서 훈련하고 있는 모습이 찍힌 사진을 로이터에서 발견하고는 '왜 이소연이 프라이머리 우주인하고 비행훈련을 하고 있냐'라고 항공우주연구원(이하 항우연)에 공식적으로 의문을 제기해서 항우연이 곤란해했었어요. 사실 한국에서 완전히 결정 나기 전에 러시아가 '일단 바꿔서 훈련하자'라고 먼저 이야기해서 바꿔서 훈련하고 있었거든요. 저는 그 이야기를 듣자마자 한국에 바로 전화를 걸었어요. "왜 갑자기 바꿔서 훈련해야 하죠? 러시아에서 바꿔서 훈련하래요"라고 물었죠. 그랬더니 항우연은 저한테 자세한 이야기는 안 하고 "바꿔서 하라면 일단 바꿔서 받아"라고만 말했어요. 제가 "왜요?"라고 물었더니 "자세한 상황은 모든 게 확실해졌을 때 설명해주겠다"라고 하곤 끊었어요.

저는 영문도 모른 채 바꿔서 훈련받았고, 러시아 측도 완전히 결정된 게 아니었기 때문에 '백업 우주인을 바꿔서 훈련하기도 한다'라고 대강 얼버무려서 공식 입장을 밝혔어요. 함께 훈련받은 기간은 겨우 2~3일뿐이었기 때문에 '이분들이 나를 좋아할까'라는 불안감이 있었어요. 그리고 1년 동안 러시아에 지내면서 남자 우주인들이 여자인 저와 뭘 하는 걸 즐기지 않는다는 걸 느꼈어요. 함께 훈련하는 게 본인들에게 짐이 된다고 생각하는 것 같을 때도 있었고요. 같이 올라가는 분들도 그렇게 느끼면 어쩌나 걱정을 많이 했어요. 게다가 한국에서도 '쟤가 백업 우주인이라 제대로 못 하지 않을까'라는 생각을 할까 봐 두렵기도 했고요. 마찬가지로 '여자라서 혹시 부족하다고 생각하진 않을까'라는 불안감도 있었고요. 그래서 바꿔어서 우주에 간다는 사실 자체가 저한테 신나는 일이라기보다는 심적으로 엄청나게 부담이 되는 일이었어요.

용— 사실 우주가 아니라 지구 내 해외여행이 2~3일 전에 확정되더라도 긴장됐을 거 같아요.

최— 세계에서도 자국에서 가장 먼저 우주에 올라간 사람이 여성인 경우가 많진 않죠? 제가 알기론 영국?

연— 영국이랑 프랑스요.

최— 소위 여성 인권에 관심이 많은 몇몇 선진국들이나 그랬던 거 같아요. 그런데 얼마 전 '여성의 날'에 여성 인권이 신장한 사례들이 몇 개 소개됐는데 우리나라의 사례가 있으니까 기분이 좋더라고요. 순식간에 선진국 된 것 같은 느낌.

원— 아시아권에서 여성 우주인은 몇 안 되죠? 제가 알기론 이소연 박사님 빼고 세 명?

연— 최근 중국에서 몇 명 보내서 확 늘었어요. 그런데 제가 가기 전만 해도 일본 우주인 한 명뿐이었어요. 저 이후 얼마 안 있어 일본에서 여자 우주인 한 명이 더 비행하셨고요.

원— 중국은 1년에 40개씩 로켓을 쏘고 있으니, 예외로 해야 해요.

최— 우주에 가려면 러시아어를 배우는 것보다 중국어를 배우는 게 낫지 않을까 하는 생각이 드는데요?

연— 실제로 우주인들이 제일 부러워하는 우주인이 중국 우주인 이에요.

용— 왜요?

연— 러시아 우주인이 우주에 가려면 영어를 익혀야 하고, 미국 우주인이 우주에 가려면 러시아어를 배워야 해요. 그런데 중국 우주인은 외국어를 하나도 안 배우고 우주를 갈 수 있어요. 그런데 대부분의 우주인한테 '너 훈련 중 가장 힘든 게 뭐였어?'라고 물으면 외국어를 배우는 거라고 대답해요. 대부분 파일럿이나 공학도이기 때문에 언어를 스트레스라고 여기거든요.

용― 〈그래비티〉에서도 샌드라 불럭이 중국 우주선을 타서 중국어 때문에 고생하잖아요.

연― 저도 그렇게 걱정된 부분이 많았는데, 정말 감사하게도 러시아 우주인 두 분 모두 저를 너그럽게 잘 받아주셨어요. 먼저 커맨더의 부인이 저랑 친구더라고요. 덕분에 빨리 친해졌어요. 또 엔지니어 분과는 쌍둥이 아들딸 덕분에 친해졌어요. 그분의 쌍둥이 자녀분들이 저를 너무 좋아했거든요. '우리 애들이 널 너무 좋아해'라며 친근하게 대해주셨어요. 그래도 갑자기 바뀐 거라 부담이 안 사라지더라고요. '내가 이걸 할 수 있을까, 나는 백업 우주인으로 완벽히 준비하고 있었는데 갑자기 우주에 가라니, 내가 가서 잘할 수 있을까'. 그러다 보니 제 표정이 좀 어두웠나 봐요. 어느 날 러시아 친구들이 샴페인을 사서 제 방에 찾아왔더라고요. "이 기쁜 날 방 안에 틀어박혀서 뭐해?"라고 하는데 고산 씨 방이 같은 층 근처에 있어서 소리가 다 들리거든요. 그럼 안 되는 거잖아요. 그래서 제가 '조용히 해'라며 쉬쉬했더니 '왜 그래? 쟤는 축하를 해줘도 그런다'라는 거예요. 그래서 제가 방에서 쫓아냈어요. 고산 씨 입장도 고려해야죠. 며칠 후, 미국 우주인이 저한테 전화를 했더라고요. 지금 자기 숙소로 오래요. 러시아 훈련소 내에 미국 우주인 숙소는 따로 있거든요. 거기엔 안내판도 붙어 있어요. '여기부터는 미국 영토다.' 대사관 같은 거죠. 거긴 러시아 법권 밖에 있어요.

용— 치외법권 지역인 거죠?

연— 우리나라 미군 기지처럼요. 오라고 하길래 '내가 지금 거기 갈 기분이 아니야'라고 끊으려고 했어요. '같이 맥주 한잔하자, 밥 먹자'라는 이야기거든요. 미국 우주인들은 거의 주말마다 바비큐를 해요. 그래서 '갈 기분이 아니야'라고 여러 번 거절했어요. 그랬는데도 막무가내로 '됐고, 일단 와'라고 하더라고요. 러시아에서 훈련을 받는 동안 쭉 이야기도 하고 친하게 지낸 친구라 마지못해 갔어요. 제가 도착하니까 문을 닫더라고요. "여기서는 아무도 네 목소리 못 듣는다. 또 아무도 네 이야기 밖에서 안 할 거다. 그러니 여기서 딱 2시간만 실컷 웃고, 네가 우주에 가는 걸 마음껏 기뻐했으면 좋겠다"라는 거예요. 눈물 나게 고맙더라고요.

용— 감동적이네요. 마음을 헤아려주는 사람들.

연— 그 마음이 너무 고마워서 웃게 되더라고요. 그러더니 갑자기 지하로 내려오래요. 미국인들은 워낙 풋볼, 야구 좋아하니까 거기에 모여 큰 TV로 다 같이 중계를 봐요. 내려갔더니 그 TV가 켜져 있더라고요. 그런데 화면에 어디서 많이 본 곳이 떠 있어요. 우주정거장을 보여주는 카메라를 연결해놓은 것 같았

• 가가린 우주인 훈련소 내부 미국 우주인 숙소 지하의 Shef's Bar •

어요. 그러더니 전화기를 건네주더라고요. 우주정거장에 있는 페기 윗슨의 목소리가 들렸어요. '아니, 페기는 우주에 있는 사람인데?'라고 물었더니, '네가 힘들어하는 게 안타까워서 페기랑 이야기를 하면 좀 힘이 날까 해서 전화 연결해놨어'라는 거예요. 페기가 전화로 "마음이 무거운 걸 너무 잘 알고 있다. 평소에 하던 대로만 해라. 더도 덜도 말고, 딱 평소 하던 대로만 하면 된다. 우리는 여기서 널 기다리고 있겠다"라고 말했어요. 너무 큰 힘이 되더라고요. 엉엉 울었어요. 그때의 기억이 너무 따뜻하게 남아 있어요.

용— 좋은 분들이시네요.

연— 우주인들만의 전우애 같은 게 느껴졌어요.

최— 성격 좋아야 우주인이 될 수 있다잖아요.

용— 아까 말씀하신 대로 엄격한 인성검사를 통과해야 한다고.

K2— 훈련센터 분위기는 어때요? 국적이나 정치, 권력 그런 것 없이 '위 아 더 월드We are the World' 같은 분위기인가요?

연— 그런 편이에요. 사실은 각자 자기 나라의 외교적 문제들도 다 알고 있어요. 서로서로 불편한 건 적당히 알아서 피하고 묻지 않죠. 너무 똑똑한 사람들이라 불문율을 아주 잘 알아요. 따로 이야기할 필요가 없을 정도로.

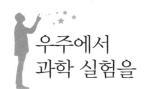
우주에서
과학 실험을

원- 우주 생활에 대해서 좀 더 이야기해볼게요. 우주에 가서 과학 실험을 하셨다고요? 그 실험들은 의미가 있는 실험들이었나요?

연- 의미를 찾자면 대한민국에서 처음으로 우주에 올려 보낸 실험이라는 거. 사실 그 자체만으로도 엄청난 의미가 있죠. 우리나라는 우주정거장 참여국도 아니고, 그때까지만 해도 인공위성을 실어 나르는 로켓도 없을 때였잖아요. 그렇게 많은 실험을 우주에 한꺼번에 보내는 자체가 어마어마한 일이죠. 어떤 것보다 이 부분이 가장 큰 의미라 생각합니다. 18가지 실험을 준비했어요. 그중 네 가지는 교육 실험이었어요. 초중고 과학 교과서에 나오는 중력과 뉴턴 법칙에 관련된 실험들이요. 나머지 14가지는 전문 연구자인 박사님들이 제안한 실험들이었어요. 전국의 여러 공학 대학교와 연구소 등에서 실험 제안서를 과학기술부(이하 과기부)를 통해 보냈다고 들었어요. 과기부는 받은 제안서를 가지고 위원회를 구성해서 어떤 실험이 대한민국 과학의 한 분야를 대표하는 실험이냐를 선정했죠. 우리나라 같은 경우는 분야별로 형평성이 중요해요. 모든 분야에서 골고루 선정해야 했어요. 생물, 물리, 화학, 공학에서 골고루.

우주에서 실험한 경험이 한 번도 없는 나라에서 처음 실험을 준비하는데, 처음부터 고난도 실험을 준비할 수는 없어요. 경험이 있는 분들은 더 잘 아시겠지만, 고난도 실험 이전에는 기초 실험이 선행되어야 하거든요. 그 결과에 따라 다음 실험을 준비할 수가 있어요. 그렇기 때문에 우리는 러시아의 17번째 실험이나 미국의 20번째 실험처럼 실험을 준비해서 우주로 보내기란 불가능한 일이에요. 물론 몇몇 실험 데이터들은 러시아나 미국에서 결과를 공유하기도 하고, 영상을 유튜브나 나사 TV 채널로 보여주기도 했지만, 극히 일부일 거예요. 그 나라 사람들도 엄청나게 많은 돈을 투자해서 얻은 결과잖아요. 당연히 중요한 건 공개하지 않을 거예요. 러시아나 미국이 이미 했던 실험이라도 우리는 우리 돈을 투자해서 우리만의 데이터를 얻어야 하는 거죠. 그게 사실 맞는 거잖아요. 18가지 실험 중에는 우리나라가 처음 하는 실험도 있었고, 이미 했던 실험이지만 방법을 살짝 바꿔 다시 수행한 실험도 있었어요.

• ISS에서 다양한 기초 실험을 수행하고 있다 •

원— 공개된 영상에서는 주로 학생들이 하는 쉬운 실험들 위주
로 진행됐기 때문에 제대로 된 과학 실험이 이뤄진 건가 하는
궁금증이 생기더라고요.

연— 맞아요. 오해가 생길 여지가 충분하죠. 그런데 고난도 전문실험의 과정을 영상으로 보면 되게 지루해요. 기계에 집어넣고 전원 누른 다음 한참 기다리는 게 다예요. 전문지식이 없는 사람 입장에서 볼 때 '저거 뭐 하는 거지'라는 생각밖에 안 들죠. TV에 보이는 생물 관련 실험 영상 대부분은 스포이트spuit 들고 있는 모습이잖아요. 그런데 그런 과정은 사실 연구에 큰 비중을 차지하지 않아요. 보는 사람들한테 그럴싸하게 보이려고 그 부분만 보여주는 거예요.

최— 그나마 가장 역동적인 부분이니까.

연— 사실 정말 중요한 과정은 일반인이 볼 때 되게 지루해요. 방송사나 항우연에서는 일반인에게 보여줄 수 있는 부분이 중요해요. 그래서 부채질하고, 물방울 튕기는 장면이 많이 소개됐었죠. 전문실험을 하는 영상은 방송국 분들이 되게 싫어했어요.

원— 영상을 만드는 입장에서 당연해요.

연— 너무 재미가 없어요. '이 박사님, 이거 뭐 하는 실험이에요?'라고 물으셔도 실험을 이해할 수 있는 사람들이 극히 일부에 불과하기도 하고요.

K2— 피디님들 입장에서는 그림이 나와야 하니까요.

최— 어떤 실험 하셨는지 하나만 설명해주세요.

연— 얼굴이 붓는 패턴이 어떻게 달라지냐를 연구하기도 했어요. 지구와 우주에서 어떻게 다른지, 지구에서의 신체 변화와 우주에서의 신체 변화가 어떻게 다른지에 대한 연구죠. 미국, 러시아 분들이 이 실험 세팅을 보고 되게 감탄하셨어요. 어떤 실험이냐면, 모기장처럼 생긴 그물 뒤에서 머그샷mug shot을 찍습니다. 그렇게 사진을 찍으면 광학 현상 덕분에 사람 얼굴 굴곡의 등고선이 컴퓨터 그래픽 처리를 하지 않아도 쫙 보여요. 지상에서 찍은 사진과 우주에서 찍은 사진을 비교하는 거죠. 실험을 해보니 라면 먹어서 부은 얼굴과 물구나무섰을 때 부은 얼굴, 우주에서 부은 얼굴 패턴이 모두 다르더라고요. 우주에 가면 붓는다는 건 알았지만, 전혀 다른 형태로 붓는다는 건 저희 실험 전에는 몰랐어요. 제가 그 실험을 할 때 모기장 뒤에서 사진 찍는 게 희한해 보였는지 '쟤 뭐 하는 거야?' 하는 눈빛으로 재밌게 쳐다보시더라고요.

K─ 또 다른 실험도 알려주세요.

연─ 씨앗을 심어서 자라는 과정을 관찰하는 실험도 있었어요. 그런데 이런 실험이 영상으로 보기엔 초등학생 관찰일기 같잖아요. 언뜻 보면 '재미있게 자라네' 정도로 그쳐요. 그런데 연구자들이 볼 때는 중력이 있고 없고가 식물의 성장에 어떤 영향을 미치는지에 대한 중요한 연구 자료예요. 중력이 없는 환경에선 어떤 모양으로 자라고, 뿌리는 어떻게 내리는지 하는 것들 하나하나가 다 중요한 데이터인 거죠. 그런데 일반 대중이 보기엔

'씨앗 좀 심어서 키우는 게 얼마나 대단하다고'라고 생각하실 수 있어요.

용─ 지금까지 과학 관련 뉴스 영상에서 항상 생물학자는 시험관이나 페트리 접시, 스포이트를 들고 있고 반도체 공학자는 꼭 동그란 웨이퍼를 비춰 보고 있었던 거 같아요.

연─ 제 박사과정 연구가 동그란 웨이퍼 위에 마이크로 머신 만드는 거였어요. 그런데 몇 년간의 연구 과정 중에 웨이퍼 비춰 보는 건 불과 몇 초밖에 안 됐어요.

용─ 그래도 그게 가장 스펙터클한 장면이니까 그 장면을 쓰는 거겠죠.

K2─ 아시다시피 저는 차폐체를 연구했잖아요. 차폐체를 연구하려면 초음속 풍동 같은 걸 만들어야 했어요. 비행체가 나는 현상을 지상에서 모사해야 하니까요. 거꾸로 압축된 공기를 뿜어서 풍동을 만들어요. 그런데 미소중력은 지상에서 구현을 못 한다고 하더라고요. 그러니까 우주는 무척이나 값진 실험 환경이에요.

연─ 아까 말씀드린 것처럼 우주에서 하는 것 자체가 아주 큰 의미가 있어요. 그런데 이런 기사도 났었어요. '큰돈을 들여 우주에서 애들 장난 같은 실험을 하고 왔다'라는 식의 기사요.

K─ 연구하는 모습은 그림이 진짜 안 나와요. 천문대에서도 찍을 게 아무것도 없어요. 게다가 천문학자들은 1년에 겨우 일

주일 망원경을 보거든요. 그런데 그 모습도 너무 재미가 없어요.

최 — 진짜 연구하는 모습은 컴퓨터가 많은 방에 앉은 모습이다죠.

K — 그나마 광학망원경은 그림이 좀 나오지만, 전파망원경은 쓸 장면이 정말 없어요.

용 — 딜레마네요. 그림이 나오는 걸 찍으면 유치해 보이고 진짜 실험을 하면 볼 게 하나도 없고.

원 — 그래서 제가 질문한 겁니다. 과학의 현실 같은 거죠. 대중과 학계 사이의 거리. 돌아와서 강연도 많이 하셨어요. 수백 번 하셨네요. 대외 활동을 528회 하셨다고 보고됐어요. 그뿐만 아니라 논문도 30편을 쓰셨다고요?

연 — 제가 직접 쓴 것과 공저자로 참여한 것까지 다 포함한 거예

초음속 풍동 초음속 풍동wind tunnel은 음속돌파가 가능한 마하1 이상의 공기 흐름이 발생 가능한 풍동을 말한다. 마하1은 시속 약 1,200킬로미터에 해당하며, 마하수가 증가함에 따라 물체는 유체의 압축성의 영향을 받아 표면의 경계층에 충격파와 팽창파가 발생한다.

미소중력 미소중력microgravity은 중력이 지표면상의 1,000분의 1에서 1만분의 1 정도로 작은 경우를 말한다. 만유인력과 원심력 등의 관성력이 서로 상쇄되어 그 합력이 0에 가깝게 작아진 상태에 해당한다. 관찰자와 저울을 포함하는 계 전체가 중력에 의해 함께 자유낙하 하는 특수한 상태에서 중력을 측정할 수 없는 상태를 의미한다.

요. 그렇게 많은 이유는 제가 우주에서 수행한 실험들 덕분이에요. 실험자가 되면 실험을 왜 해야 하고, 어떻게 하고, 어떻게 마무리할지 알아야 해요. 그리고 가끔은 발표자가 되기도 하고요. 우주인이기 때문에. 그래서 저자로서의 요건이 충족되다 보니 감사하게도 공저자로 이름을 올려주셨어요. 논문 저자 목록에 실제 연구를 진행한 사람도, 제안만 한 사람도 다 공저자로 올라갈 수 있거든요. 그래서 끝에서 두세 번째 정도로 공저자로 올려주셨어요.

K— 실험 수행한 사람은 무조건 공저자가 될 자격이 됩니다.

원— 학계의 규칙이죠?

K— 그럼요.

원— 그리고 발명 특허는 뭐예요?

연— 박사님들도 아시겠지만, 특허를 내고 등록되기까지 시간이 되게 오래 걸려요. 2~3년 정도. 그 특허는 박사과정 때 신청한 특허가 우주인이 된 뒤에 등록이 된 거예요.

일동— 아하.

원— 공학 박사시죠?

연— 네, 제 분야는 특허를 낼 수 없으면 논문도 쓸 수가 없어요. 고유 연구로 인정받지 않으면 안 되거든요. 만약 제 연구를 다른 사람이 먼저 특허를 내버리면 제 연구라고 할 수 없어요. 그래서 연구를 특허 검색으로 시작해요. 논문이 하나 나오면 특허

• 이소연 박사는 귀국 후 항공우주연구원에 소속되어, 강연 등 다양한 홍보활동을 했다 •

도 하나 나오는 게 당연한 절차예요. 박사과정 논문을 마무리하면서 냈던 특허가 2년이 지나 등록이 되다 보니, 우주를 다녀온뒤에 등록이 됐어요. 등록된 날짜로 제 프로필이 업데이트되니까 밖에서 봤을 땐 우주에 다녀온 다음 특허를 낸 것처럼 보였던 거죠. 특허는 우주와 아무 상관이 없어요.

원— 그런 기사도 있더라고요. 연구 활동을 위해 공군의 시설까지 빌리셨다고.

연— 제가 우주인이 되고 나니, 모든 사람이 앞으로 제가 뭘 할지 궁금해하더라고요. 처음엔 강연 요청이 하루에 10~20개씩들어왔어요. 그런데 제 몸은 하나고, 하루는 24시간밖에 없으니 갈 수 있는 곳은 한계가 있잖아요. 거의 날마다 12시간 이상씩 돌아다녀도 반도 못 갔어요. 안타까운 마음에, 한국에 돌아와서 첫 1년은 강연하고 방송만 했다고 해도 과언이 아닐 정도예요. 그런데 1년 정도 지나니까 선임연구원이라는 제 직함에 좀 미안하고 창피한 느낌이 들더라고요. 명색이 연구원인데 연구를 하나도 안 해도 아무도 저한테 뭐라 하지 않더라고요. 내가 월급을 받을 자격이 되나 생각도 들고요.

K— 알고 보면 그런 사람 참 많은데, 그렇죠?

연— 게다가 저는 박사과정 마친 지 얼마 안 돼서 우주 다녀오느라 4년이라는 연구 공백도 있었어요. 동료들은 연구 성과를 내며 쭉쭉 앞서 나가는데 저는 멈춰 있으니까, 저만 뒤처진 것만 같은 기분이 드는 거예요. 저도 계속 강연만 하고 살 순 없다는 생각도 들었어요. 그래서 항우연에 '연구할 수 있도록 도와주셨으면 좋겠다'라고 요청했어요. 그래서 5일 중 하루나 하루 반정도는 연구하는 시간으로 보장받고, 강연을 줄이자고 합의했

예쁜꼬마선충 예쁜꼬마선충caenorhabditis elegans은 썩은 식물체에 서식하며 길이 1밀리미터의 투명한 몸을 가진 선형동물의 일종이다. 예쁜꼬마선충이 가진 여러 특징들 때문에 다세포 생물의 발생, 세포생물학, 신경생물학, 노화 등의 연구에서 모델생물로서 많이 쓰인다. 꼬마선충은 다세포 생물 중에서 가장 먼저 전체 DNA의 염기서열이 분석된 생물이다. 대략 1억 개의 염기쌍을 가졌다. 또 인간 유전자 수와 비슷한 약 1만 9,000개의 유전자를 지녔다.

• 공군 항공우주의료원에서 연구용으로 이용되는 실험용 쥐를 탑승시키는 중력 가속기 •

죠. 이제 무슨 연구를 할까, 프로젝트를 정해야 했어요. 아무래도 우주에 다녀온 경험 살려서 '우주정거장에 후속으로 실험을 보낼 때, 어떤 실험이 적합한지를 찾고 그것을 설계하고 보낼 수 있는 키트를 개발하자'라고 의견을 모았어요. 그래서 제가 '이걸 언제 보낼 수 있을까요?'라고 물었더니 '그건 예산이 확보되었을 때 가능한 일이라 아직은 모른다. 하지만 여건이 조성되면 바로 보낼 수 있게 미리 준비하자'라고 대답하시더라고요.

　그때 예쁜꼬마선충을 보내는 실험 키트를 개발하는 것을 제안하고 지상 시험을 시작했어요. 예쁜꼬마선충이 겉으로 보기에 생물학적으론 사람과 꽤 멀어 보이지만, DNA만 보면 사람과 별반 다르지 않아요. 그래서 그걸 보내는 건 어떨까 해서 선행 연구 검토부터 시작했죠. 그런데 이미 2003년에 컬럼비아 호를 타고 한 번 우주에 나갔더라고요. 근데 결과를 얻지는 못했어요. 내려오다가 사고가 났잖아요. 예쁜꼬마선충이 들어 있던 키트를 구조는 했는데, 폭발에 영향을 받아버린 터라 데이터가 무의미해졌어요. 그런데 신기하게도 살아남은 개체도 있었대요. 단세포 동물이라서 생존하는 데 큰 문제가 없었나 봐요. 안타깝게도 살아남은 개체들이 폭발을 겪었기 때문에 우주에서 생존한 개체에 대한 데이터로 완전하지 않았던 거죠. 그 뒤로는 보낸 적이 없더라고요. 왜 안 보냈는지는 저도 모르겠어요. 그때 악운이 되풀이될까 봐 그랬는지, 아니면 더는 궁금하지 않았는지, 그냥 잊혔는지.

어쨌든 그 이후로 보낸 적이 없길래 '우리 이거 한번 보내보자'라고 계획해서 항우연, 카이스트 공동으로 키트 개발을 시작했어요. 예쁜꼬마선충의 비행을 지상에서 시험할 지상 모델을 만들고, 우주에 가는 상황을 모사하느라 원심분리기를 돌려 무거운 중력을 체험하게도 하고, 떨어뜨려서 무중력도 만들어서 그 환경에 노출해보자고 실험을 계획했죠. 공군 항공우주의료원에는 파일럿들이 타는 거대 중력 가속기가 있어요. 저는 예쁜꼬마선충을 거기 태워보려고 의료원에 가지고 갔어요. 중력 가속기에 넣고 돌리면 3G, 4G 정도는 체험시킬 수 있거든요.

거기 선생님들께 사용 요청을 했더니 "박사님, 단세포 생물 하나 넣겠다고 저 큰 중력 가속기를 켤 순 없어요. 그런데 우리한테 쥐를 넣고 돌릴 수 있는 작은 중력가속기가 있어요. 그거 써요"라고 하시더라고요. 저로선 너무 고맙더라고요. 부담스럽긴 했거든요. 무거운 중력이 사람에게 어떤 영향을 주는지를 동물로 대체해서 실험하기 위한 소형 장비가 이미 있었어요. 덕분에 그 장비를 빌려서 실험했습니다. 또 우주라는 환경은 무중력뿐만 아니라 우주 방사선 영향도 무지 커요. DNA에는 방사선이 더 영향을 크게 미칠 수도 있어요. 그래서 원자력 연구소와 협력해서 우주 방사선과 비슷한 방사선을 쪼여주는 실험도 세팅했어요. DNA가 어떤 식으로 변하는지 예상해보는 거죠. 그런 연구를 마무리할 때쯤, 미국으로 갈 준비도 시작했었던 것 같아요.

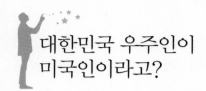

대한민국 우주인이
미국인이라고?

원— 항간에는 이소연 박사가 미국 시민권자라는 소문도 있어요.

연— 그 소문을 듣고 저도 깜짝 놀랐어요. 국적 포기 논란이 있더라고요. 그런데 더 놀라운 건 제가 결혼하고 며칠 만에 미국 시민권을 취득했을지도 모른다는 기사가 났어요. 그런데 시민권이란 게 결혼과 동시에 받을 수 있는 게 아니거든요. 너무 당황스러워서 대처하겠다는 생각도 못 했어요. 심지어 영주권 신청도 하기 전에 시민권을 받았다는 기사가 먼저 났거든요. 저는 미국에 유학을 간 거였어요. 2년 과정이었고요. 유학 간 지 1년이 지나서 결혼했어요. 그래서 제 학생비자가 아직 1년이 남았어요. 그래서 비자나 영주권에 대한 생각을 전혀 못 하고 있었어요. 언론에서 갑자기 그런 이야기를 하니까 미국에 있는 친구가 전화로 "너는 어떻게 시민권을 3일 만에 뚝딱 받았어? 신청하는 데도 그렇게 빨리는 안 되겠다"라고 하더라고요. 또 어떤 친구는 "오바마 조카가 케냐에서 와도 이렇게 빨리는 못 받을 텐데, 너 무슨 모종의 거래라도 있었지!?"라는 농담까지 곁들여서 놀리더라고요.

저는 한국의 분위기를 몰랐기 때문에 농담거리라고만 생각했지, 심각하게 여기질 않았어요. 게다가 시민권 취득 기사에 오히려 감사해야 했던 게, 기사가 남으로써 제가 영주권을 신청해야 한다는 사실을 깨닫게 됐거든요. 전혀 생각도 못 하고 있었어요. 학생비자가 아직 1년이나 남았으니까. 그 기사 나니까 주변에서 '근데 너 영주권 신청은 했냐' 물으셨고 '아, 맞다!' 했어요. 학생비자 끝날 때까지 영주권을 못 받으면 불법 체류잖아요. 남편한테 '오빠, 나 영주권 신청해야 한대' 하니까 남편도 그제야 '아, 맞다!' 했거든요. 그래서 영주권 신청도 그때 했어요. 그런데 계속 잊을 만하면 한국 국적 포기했느니, 미국 시민권을 받았느니 하는 이야기가 나오니 당황스럽더라고요.

원— 저조차도 얼마 전까지 박사님이 미국 시민권자라 생각하고 있었어요. 아마 많은 사람이 그렇게 생각하고 계실 거예요.

연— 그렇더라고요. 심지어는 SBS 선거 개표 방송에 재외국민 투표를 한 사진도 나갔어요. '해외에서 이소연 박사님도 재외국민으로 투표에 참여하셨다'라며 방송에 사진이 나갔어요. 2시간 운전해서 재외국민 투표를 하러 갔거든요. 인증사진도 찍었

• 2016년 시애틀 총영사관에서 제20대 국회의원 재외국민 투표를 했다 •

어요. 지난 대선 때 인증사진 찍으면 '국민투표로또' 같은 이벤트도 있었잖아요. SBS에서 '사진을 써도 되겠냐, 원본을 보내

줄 수 있냐라며 연락이 와서 사진도 보내줬어요. 설마 미국 시민이 대한민국 선거를 하지 않을 거니까 이 정도면 논란이 사그라들었겠지 하고 생각했죠.

원— 사람들은 이것과 저것을 따로 생각하잖아요. 어쨌든 시민권자가 아닌 거네요?

연— 네. 미국 시민권자 아니에요. 저 한국 사람이에요. 저 이번에 입국할 때도 내국인 쪽에 줄 서서 입국했어요. 남편은 외국인, 저는 내국인.

용— 대한민국 여권도 갖고 계세요?

연— 당연하죠. 제 친구들은 '어차피 먹을 욕 다 먹었으니 시민권 받자'라는 농담도 하는데 저는 미국 시민권 전혀 바라지 않아요. 주변을 둘러보니 미국에 사는 많은 한국인이 시민권을 받으면 한국 국적을 포기해야 한다는 사실 때문에 미국 시민권 받는 것을 망설여요. 시민권을 받는 것보다 한국 국적을 포기해야 한다는 결정에서 큰 부담을 느끼거든요. 국적 논란이 생긴 이후로 미국의 내로라하는 회사에 다니는 친구들에게 물어봤어요. 그 친구들도 대부분 영주권만 유지하고 시민권을 안 받았더라고요. 받을 수 있는데도 말이에요. 대한민국에서 태어나 대한민국 사람으로 살면서 한국 국적을 포기한다는 건 너무 큰 결정이라고 다들 이야기해요. 그런 분들한테도 어려운 일인데, 저는 가슴에 태극기 달고 우주까지 다녀온 사람이에요. 저에겐 너무

나도 어려운 일이에요. 무슨 생각이 들었냐면 그 기사를 쓴 기자분께 '국적 포기가 그리도 쉬울까요?'라고 묻고 싶더라고요. '미국 국적을 받을 기회가 생긴다면 한국 국적을 쉽게 포기하고 미국 국적을 받을 건가요?'라고 되묻고 싶었어요. 최소한 저는 그 결정이 그렇게 쉽지는 않을 거 같아요. 제가 죽기 전에는 한국 국적을 포기하는 일은 일어나지 않을 거예요.

원― 대한민국 전체가 오해하고 있었네요.

K2― 이소연 박사님이 미국에 간 걸 보고 '나라를 떠났다'라고 비난한 사람들도 있었어요. 그런데 물리적으로 이 공간에서 저 공간으로 지내는 곳을 옮긴 것뿐이잖아요. 생각해보면 4차 산업혁명을 외치고 IT 기술 어쩌고 하는 마당에, 미국에서도 얼마든지 실시간 커뮤니케이션을 할 수 있는 시대란 말이에요. 오히려 미국이라는 나라를 이용해서 대한민국 우주인이 가진 경험적 가치를 활용할 기회가 더 많을 수도 있을 것 같아요. 도리어 우리가 그걸 어떻게 활용해야 할지 준비가 덜 된 것 같아요.

연― 저는 더 넓은 세상을 보고, 더 많은 걸 배우고 돌아와서 나누고 싶었어요. 또 제 개인적으로도 유학을 결심한 이유가 있어요. 가끔 우주인들이 모이는 자리에 가면 제가 그렇게 작을 수가 없어요. 대부분 몇 번의 비행 경험, 몇십 년의 훈련 경력을 가진 분들이에요. 달에 다녀오신 분도 계시고요. 그 자리에서 이분들과 어깨를 나란히 하려면 제가 무엇을 더 해야 하고 얼마

• 2010년 우주인 모임 단체 사진 •

나 발전해야 하나 하는 부담감이 생겼어요. 그리고 그저 대한민
국 최초 우주인으로 만족할 것인가, 아니면 국제 사회에서 한국
의 우주인으로 의미 있는 발자취를 남기려 더 노력할 것인가 하
는 문제를 항상 대면하게 됩니다.

최— 우주인 모임이란 게 있어요?

연— 전 세계적으로 우주인 모임이 있어요. 어소시에이션 오브
스페이스 익스플로러라고 하는데 우주에 갔다 온 사람들만 가
입할 수 있는 멤버십 모임이에요.

최— 멋있네요. 세상에서 제일 쿨한 멤버십 같아요.

연— 너무 감사하게도 제가 겪은 사고 때문에 이분들이 저를 알
아보시고 기억해주시더라고요. 군인들 사이에서도 전쟁에서
어렵게 살아남은 사람을 영웅으로 대우해주잖아요. 죽을 뻔한
상황에서 산 우주인이라며 저를 자기들과 어깨를 나란히 하게

해주시는데 너무 감사하더라고요. 다가와서 궁금한 걸 묻기도 하고요. '네가 그때 그 우주인이구나. 그때 어땠니?'라고 먼저 말 걸어주세요. 어쩌면 사고라는 상황이 큰 불행으로 찾아올 수도 있지만, 다행히도 제게는 엄청난 전화위복이 되었더라고요.

어소시에이션 오브 스페이스 익스플로러　어소시에이션 오브 스페이스 익스플로러Association of Space Explore, ASE는 지구 100킬로미터 상공 이상의 궤도 비행을 마친 사람들로 구성된 비영리단체이다. 현재 47개국에서 400명 이상의 회원이 소속되어 있다. 우주환경·우주과학·우주공학의 이해를 증진시키고, 우주탐사를 홍보하기 위한 포럼을 개최한다.

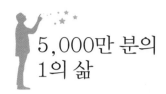

5,000만 분의
1의 삶

원- 한 나라의 최초 우주인으로 사는 것도 만만치 않군요.

연- 우주에 다녀온 후부터 저는 항우연에서 무슨 일을 더 해야할지, 우주인으로서 대한민국에 어떤 점을 더 기여해야 할까 고민을 많이 했어요. 그때 제일 처음 한 일이 전 세계 최초 우주인의 행보를 다 찾아 보는 거였어요. 대한민국에서 교육을 받은 사람들은 일단 공부부터 하려고 하잖아요. 저도 대한민국 교육 제도하에서 자란 사람이라 어쩔 수 없었나 봐요. 러시아나 미국, 중국의 우주인을 참고로 하면 되지 않냐고 물을 수도 있을 텐데, 그 우주인들은 좋은 예로 삼을 수가 없어요. 우주 연구에 지속적으로 투자를 하는 나라고, 일단 우주인이 계속 배출되고 있잖아요. 우리와는 상황이 너무 달라서요. 그래서 우주인을 한 명 내고 다시는 못 보낸 나라들을 다 찾아봤어요. 벌써

20~30개국이나 되더라고요. 그 나라 최초 우주인들이 우주비행 이후에 무슨 일을 하고 살았는지 다 찾아봤어요. 그 사람들에게 공통점이 있다면 나도 그걸 따라가면 최소한 본전은 하는 거 아닐까 하는 생각을 했거든요.

그런데 다들 너무 다른 삶을 사는 거예요. 공통점이 전혀 없어요. 프랑스 최초 우주인은 장관이 되었고, 일본 최초 우주인은 산속에서 농사를 지어요. 베트남 최초 우주인은 어디 있는지 연락도 안 되고, 몽골 최초 우주인은 국방부 장관이더라고요. 그래서 그 사람들의 내력을 더 찾아봤어요. 그랬더니 가정환경, 그 나라의 여건, 그 나라의 정책에 따라 진로가 전혀 다르게 결정되더라고요. 제가 내린 결론은 '소연이 너도 네 인생은 네가 결정해'였어요. MBA 과정을 밟는 건 ASE 모임에서 영감을 받았어요. 거기 모인 우주인들을 보니 어느 시점이 지나면 다들 관리자급 이상이 되거나, 경영에 가담하게 되더라고요. 경영 공부가 언젠간 꼭 필요하겠다고 생각했어요.

그때가 강연도 너무 많이 하고, 그래서 거의 모든 사람이 절 알아보는 시점이었어요. 저한테는 약간의 공백기가 필요했어요. 전환점이 필요했죠. 그때 유학을 결심하게 됐어요. 그런데 외국에서 공부를 더 한다면 무엇이 가장 좋을까 하는 질문이 따르더라고요. 그때는 과학기술 정책을 공부하는 것도 고려했었어요. MBA와 과학기술 정책, 둘을 놓고 선택해야 했지요. 먼저 과학기술 정책 공부를 할까 하고 카이스트의 과학기술 정책 수업을 청강했어요.

용— 정말 부담스러운 청강생이네요.

연— 네. 교수님이 좀 힘들어하셨어요. 저는 현실적인 문제를 안은 사람이잖아요. 앉아 있는 다른 학생들은 카이스트를 갓 졸업하고 대학원에 진학한 학생들이라 아직 현실 과학기술 문제를 한 번도 접해본 적이 없는 사람이 대부분인 것 같았어요. 그런데 저는 교육과학기술부 직원들도 만나고, 나사 사람들도 만나요. 그 사람들과 대한민국 상황이 어떤지 이야기를 하고, 해결책도 찾아야 하는 사람이에요. 수업 시간에 엄청 적극적으로 질문했어요. 가끔 교수님께서는 "이 박사님 좋은 질문 주셨는데요, 저도 미국에서 한국으로 들어온 지 얼마 안 돼서 과거 한국 과학기술 정책을 아직 잘 알지 못합니다"라고 대답하시더라고요. 그러다 보니 저의 궁금증이 해소되지 않는 거예요.

용— 교수님이 너무 불쌍한데요? 방금 미국에서 한국으로 들어와 수업을 맡았는데 청강생으로 대한민국 최초 우주인 이소연이 앉아 있어요.

연— 처음엔 학생들도, 교수님도 '처음 한두 번 들어오다 말겠지'라고 생각한 거 같아요. 근데 한 학기를 다 들었어요. 시험은 안 봤지만요. 그런 시선 자체가 저를 한 번도 빠질 수 없게 했어요. 그렇게 한 학기 수업을 들었더니 저와 맞지 않더라고요. 저는 공학을 공부한 사람이잖아요? 정책이란 건 공학과 너무 달라서 해석하기 나름인 부분들이 너무 많았어요. 말하기 나름인 부분들이 저한테는 너무 불편한 거죠. 정책을 다루는 학문이라면 미국, 유럽이라도 이 불편한 거리가 해소되지 않을 것 같은 거예요. 그래서 MBA를 택했어요. 경영의 언어는 돈이고 숫자잖아요. 정책보다는 명쾌할 수 있겠다고 생각했어요. 게다가 앞으로는 민간 쪽에서 과학기술이나 우주 분야에 훨씬 더 많이 뛰어들 것 같더라고요. 실제로 그러고 있고요. 더더욱 정책보다는 경영 쪽이 효용가치가 더 높을 거라는 생각이 들었죠.

용- 제가 기사로 접했을 땐, '아니, 우주를 다녀온 사람이 MBA를 해?'라고 엄청 의아하게 생각했었어요. 그런데 말씀 들어보니 문과생은 이해할 수 없는 공대생만의 논리를 거친 결정 과정이었네요. 이해가 돼요.

연- 여러 사람에게 조언도 얻었어요. 유럽 우주인 중엔 보잉이나 록히드마틴에서 임원으로 일하고 계신 분들도 있거든요. 그분들과 만나서 이야기를 많이 나눴어요. 그러다 보니 그쪽에 대해서 공부를 해보고 이해를 해보는 것도 좋겠다는 생각이 들더라고요. 그런데 재밌는 건 MBA를 졸업하고 내린 결론이 '아, 나는 비즈니스 할 사람은 아니구나'였어요. 그렇다고 시간 낭비를 했다는 것은 아니고요. 그래도 2년간의 MBA 과정을 통해 비즈니스 하는 사람이 어떤 생각을 하고 사는지는 이해할 수 있게 됐어요. 적어도 그 사람들과 함께 일을 할 수는 있게 된 거죠. 제가 MBA를 마쳤을 때 가장 크게 얻은 결론이었어요. 제 남편은 '그 큰돈을 들여 겨우 그거 하나?'라고 타박하곤 하지만요.

MBA를 하면서 항우연 재직 7년간의 월급이 고스란히 그 학교로 들어갔어요. 저는 항우연에 재직할 때도 기숙사에 살았거든요. 월세 걱정이 없다 보니 저축한 돈도 꽤 많았고, 바쁘다 보니 돈 쓸 시간도 없었어요. 월급이 많지도 않았는데 말입니다. 카이스트에서 6년을 공부할 때보다 더 많은 돈이 들었어요. 그래도 전혀 아깝지 않았어요. 앞으로 점점 더 경영과 공학이 함께 해야 하는 일들이 생길 텐데, 그 다리 역할이 되고 싶다는 게 지금 저의 꿈이에요. 그런 이벤트가 있을 때 더 적극적으로 활동하고 싶어요. 지금 미국에 체류하는 이유도 비슷한 맥락에서예요. 아무래도 미국이 우리나라보다 시장이 훨씬 크고 다양하잖아요. 미국에서 한 몇 년 경험을 쌓아서 돌아온다면 더 유능하고 실질적으로 도울 수 있는 역량을 기를 수 있지 않을까 하는 생각으로 미국행을 결심했죠.

원— 2018년인 올해는 우주에 다녀온 지 10년째입니다. 그런데 그 10년 동안 대중들은 오해만 쌓은 것 같네요. 안타깝습니다.

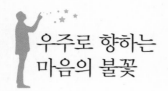

우주로 향하는
마음의 불꽃

원— 한국에서 하고 싶은 일들이 있을 거 같아요.

연— 처음 미국에서 살기로 마음먹었을 땐 좀 막막했어요. 우주에 다녀와서 미국에 가기 전까지 5년여 동안은 물론이고, 그 전에 카이스트 대학원 시절에도 저는 되게 한정된 사람들만 만났더라고요. 우주인이 된 덕분에 제 주변에는 좋은 학교에서 대학원까지 다닌 고학력자들이 대부분이었죠. 카이스트에서 강의할 때도 이미 카이스트에 진학한 학생들만 만났고요. 외부 강연에서도 우주에 관심이 있는 사람, 과학기술에 어느 정도 관심이 있는 사람만 만나게 되잖아요. 그러다 보니 제가 착각에 빠졌어요. 제 주변을 마치 대한민국 전체로 착각한 거죠. 세상사람 모두가 과학에 관심도 많고, 지식도 많다고 말이에요.

그런데 미국에서 MBA를 끝내고 잠깐 캘리포니아에서 지내다 남편이 있는 시애틀로 옮기게 됐어요. 그런데 시애틀은 같은 미국인데도 캘리포니아와는 완전히 다르더라고요. 취직하는 것부터 너무 어려웠어요. 겨우 찾은 일이 2년제 대학의 물리학 시간강사였어요. 대학교 1학년 물리 수업이요. 만감이 교차하더라고요. 미국에서 얻은 첫 일자리라서 무척 감격스러웠는데, 동시에 내가 한국에 있었다면 이런 자리를 거들떠나 봤을까 하는 생각도 들었어요. 어쨌든 감사한 일자리니까 열심히 학생들을 가르쳤어요. 그러다 보니 영어가 엄청나게 늘었어요. 과학을 잘 모르는 학생들에게 과학을 가르쳐야 하는 입장이라서, 말을 많이 하게 되더라고요.

그래도 머릿속으론 '내게 왜 이런 시간이 주어졌을까'라는 고민이 그치지 않았어요. 그러다 갑작스레 '한국에도 이런 학생이 아주 많을 텐데, 나는 왜 그 친구들을 가르치거나 만난 적이 없었을까?' 하는 생각이 들더라고요. 좀 더 단순하게 말하자면, 한국에 수포자도 많고 과포자도 많다던데, 제 주변엔 단 한 명의 수포자도 과포자도 없었어요. 무려 고등학교 때부터요. 과학고, 카이스트, 항우연을 거치다 보면 주변에 수포자, 과포자를 만나는 게 더 어려워요. 그때 많이 반성했어요. 제가 무척이나 안일했다는 생각이 들더라고요. 대한민국 최초 우주인으로 과학기술 정책이나 교육 정책을 걱정하는 이야기도 하고 행동도 한다고 했지만, 실제로 도움을 줘야 하는 사람은 만난 적도 없으면서 섣부르게 한 말이나 행동이었을 수 있었겠구나 싶더라고요. 많이 반성했어요. 그런데 동시에 한국에 계속 있었다면 접할 기회는 영영 없었을 것 같다는 생각도 들었어요. 미국에서 이 친구들과 경험하며 얻은 것들이 언젠가 한국을 돌아갔을 때 잘 쓰일 수 있겠다는 느낌이 들었어요.

최─ 그랬겠네요.

연─ 그리고 미국의 교육은 우리나라와 비슷한 듯 다른 점이 많아요. 대표적인 예로 미국에는 고등학교를 졸업한 후에, 수능을 보지 않고 5~10년을 다른 일을 하다가 뒤늦게 대학에 진학하는 경우도 많아요. 보통은 2년제 전문대학에 진학해요. 미국교육제도의 좋은 점 중 하나가 전문대학을 졸업해서 4년제 종합대학으로 편입하는 게 한국에 비해 제도적으로 뒷받침이 잘되어 있다는 점이에요. 게다가 편입하기 전에 전문대학에서 들었던 수업과 교과 번호만 똑같으면 편입한 학교에서도 그 수업을 이수한 것으로 인정돼요. 이게 왜 좋으냐면, 종합대학은 한 강의에 120명, 200명이 듣기도 하잖아요. 그런데 2년제 대학은 한 강의에 24명 이상을 절대 넘기면 안 돼요. 게다가 학비도 싸고요. 집에서 가깝기도 하고, 교육의 질도 높아요. 교수 한 명이 24명을 가르치니까 당연하죠. 이런 식으로 뭔가 기회를 한번 더 얻게 해준다는 느낌을 받았어요. 한국에도 고등학교 졸업후 대학에 바로 진학하지 않는 경우가 있잖아요. 그러다가 나

중에 대학에 가고 싶을 수도 있고요. 그런 친구들에게 이런 제도가 있으면 좋을 것 같았어요. 언젠가 한국에 이런 제도를 도입하려 할 때, 제가 나설 수 있겠다는 생각도 들었어요. 실제로 도입이 되기 위해서는 해결해야 할 현실적인 문제들이 여럿 있겠지만요.

최— 시간강사를 하셨다는 건 전혀 몰랐어요.

연— 제가 얻은 시간강사 자리가 한국에서 잘못 전해졌더라고요. 제가 어디 학교 교수로 채용됐다고요. 부교수로 부임했다며 오보가 났더라고요. 미국도 시간강사의 여건이 그리 좋지 않아요. 남편이 제 월급 명세서를 보더니 '이건 거의 최저임금 수준인데?'라고 했어요. 그렇지만 그 경험이 저한테는 너무 소중했습니다. 또 미국에서 과학관 전시, 아이들 스페이스 캠프 같은 행사의 업무도 많이 했어요. 한국에선 우주인이라는 상징적 위치 때문에 그런 업무에 자문 요청이나, 연사로 초대받아도 실무를 하진 않거든요. 그런데 미국에선 달랐어요. 실무를 시키려고 저를 찾았어요. 물론 미국의 우주인도 미국에서는 상징적 존재라 실무를 할 기회가 많이 주어지진 않을 거예요. 하지만 저는 그 사람들이 보기에 대단한 우주인도 아닌 데다가, 심지어 외국인이잖아요. 그런 이유 때문인지 실무를 저한테 맡기더라고요. 한국에서는 할 수 없는 경험을 쌓을 수 있었어요. 언젠가 이런 경험들이 계속 축적되면 한국에서 이런 일들을 더 주체적으로 할 수 있겠구나 하는 생각을 해보게 되었어요. 그런 기회를 기다리면서 기회가 왔을 때 준비된 사람이고 싶었고요.

K2— 얼마 전 나사 앰배서더ambassador로 활동하시는 교수님을 만났어요. 제가 그분께 "옛날 보고서를 보면, 러시아는 기술도 상당히 뛰어나고 효율적으로 우주개발을 잘했던 것 같은데, 나사는 아폴로 프로젝트만 봐도 돈만 펑펑 써댄 것 같다. 미국과 러시아를 봤을 때 결국 초반의 우주개발 경쟁은 미국이 진 것 같다"라는 말을 했어요. 그랬더니 그 교수님이 말씀하시더라고요. "내가 미국에서 느낀 게 있다. 미국에서는 할아버지, 할머니들을 대상으로 강연해도 그분들에게서 희망과 열정을 엿볼 수 있다"라고요. '이제 나사는 화성을 꿈꾸고 있습니다. 할머님, 할아버님들 건강 잘 유지하셔서 나중에 화성 땅 한번 밟아봅시다'라고 말하면 70~80대 어르신들도 마음속으로 열정을 품는대요. '내가 좀 더 운동 열심히 해야지'라는 눈빛이 막 보인대요. 나사는 그 어마어마한 돈을 우주개발에만 쓴 게 아니라 미국 시민들 마음에 불꽃을 하나씩 심어주는 데 썼다는 거죠. 그분께서 이렇게 덧붙이시더라고요. 한국의 어린이, 청소년, 성인들 마음속에 우주를 지향하고 동경하는 불꽃 하나씩을 심어주겠다는 다짐으로 매년 한국에 와서 강연하신다고. 이소연 박사님도 그런 역할을 충분히 해주실 거라 믿어요.

최— 나사에서 우주비행사 선발을 할 때 마케팅 측면도 고려하 잖아요. 인종, 성, 개인의 히스토리 같은 것들까지요. '이런 사 람이 우주비행사가 되면 되게 멋있겠다' 하고요. 우주인이 가진 상징성 때문에라도, 방금 K2박사님이 말씀하신 것처럼 사람들 에게 꿈을 심어줄 만한 메시지가 필요할 것 같아요. 우주에서 실험하거나, 주어진 미션을 하는 것만큼이나 중요하지 않을까. 저는 그게 진짜 우주비행사들이 해야 하는 일인 것 같아요. 저 희도 이소연 박사님 만난다며 두근거렸잖아요.

원— 이소연 박사님이 그런 일을 할 수 있도록 저변을 만들어야 죠. 지난 10년 동안은 그러지 못했어요. 불꽃이 아무리 번쩍인 다 한들 쳐다보지 않으면 의미가 없잖아요. 그런데 이소연 박 사님이 가진 우주비행의 경험은 5,000만 명 중에 단 한 명만이

나로호 나로호는 100킬로그램급의 인공위성인 과학기술위성2호를 지 구 저궤도에 올려놓는 임무를 수행한 한국 최초의 우주발사체이다. 러시 아가 개발한 1단 액체엔진과 국내 기술로 개발한 2단 고체 킥모터로 이 루어진 2단형의 발사체이다. 2009년 8월 25일 1차로 발사했으나 2단 로 켓과의 분리 실패로 목표궤도에 진입하지 못하였고, 2010년 6월 10일 2 차발사가 이루어졌으나 비행 중 폭발하여 다시 실패하였다. 2013년 1월 30일 3차 시도 만에 나로호가 성공적으로 발사되었고 한국과학기술원과 교신에 성공함으로써 위성이 정상궤도에 안착했음이 확인되었다. 나로 호는 1년 2개월간 우주공간에서 지구 타원궤도를 하루 14바퀴씩 공전하 며 우주 방사선량과 이온층 등의 우주환경 관측 임무를 수행했다.

• ISS에서 태극기를 펼쳐 보이고 있다 •

가지고 있는 경험이거든요. 사실 우리나라도 겉으로 잘 드러나지 않았지만 지난 20년 동안 우주개발 프로젝트를 꾸준히 진행해왔어요. 1997년에도 ISS에 참여하려다가 IMF가 터져서 못했고, 삼수 만에 우주로 간 나로호도 있고요. 나로호는 2009년부터 시도해서 2013년에 비로소 올라갔어요. 이소연 박사님이 2008년에 우주에 다녀오신 다음 해에 나로호가 시작됐네요.

어쨌든 이쪽저쪽으로 우주로 가고 있었어요. 단지 우리나라 정치 상황이 안정되지 않아서 중심을 잃기도 했고, 추진력도 없었고, 중구난방으로 잊힌 연구들이 많았을 거예요. 『과학하고 앉아있네 7』 K박사님 편에서도 이야기했지만 달 탐사도 계속 추진해야 할 연구예요. 항간에서는 달에 가는 게 무슨 의미가

있냐는 의문도 던지지만요. 그렇게 한 걸음, 한 걸음 나아가야
합니다. 우리가 달 탐사, 우주발사체 이야기를 수도 없이 하지
만, 결국은 유인 탐사로 귀결될 수밖에 없습니다. 그랬을 때 우
주에 다녀온 경험을 가진 사람이 한 명 있다는 것과 없다는 것
은 경험치 면에서 전혀 다른 수준이에요. 우리는 대한민국 국적
을 가진 우주인 한 사람은 보유하고 있습니다. 그 사실을 잊어
선 안 됩니다. 그런 가까운 미래에 이소연 박사님이 꼭 필요할
거고, 큰 역할을 해주실 거라 확신합니다.

연— 저는 정말 그날을 고대하고 있습니다.

최— 제가 예전에 이용 기자랑 이런 이야기를 한 적이 있어요.
우리가 흔히 '구한말 개국을 빨리 해야 했는데'라고 후회하는 것
처럼 20~30년 후에는 '우리가 그때 소행성 채굴을 해야 했는데'
라고 할지도 모른다는 거죠. 제가 느끼기에는 우주개발이 4차
산업혁명 같은 이슈보다 더 중요할 것 같아요. 30~50년 후의
우리 미래를 완전히 바꿔놓을 패러다임은 어쩌면 우주개발이지
않을까 하는 생각이 들어요.

원— 게다가 우주개발은 민간 수준에서 추진되고 있으니까요.

K— 웬만한 4차 산업혁명 주제보다도 구체적이죠.

K2— 나사 앰배서더로 활동하신다는 그 교수님이 울산에서 강
연할 때 이런 이야기를 하셨대요. 학생들에게 "울산의 경제를
걱정하지 마라. 너희는 계속 배를 만들 거다. 너희가 앞으로 만

들 배는 스페이스십space ship, 우주선이다" 그랬더니 학생들 눈빛이 달라지더래요.

최― 우린 계속 우주로 갈 거다.

원― 이런 이야기들이 뜬구름 잡는, 꿈같은 이야기가 절대 아닙니다. 다들 덤벼들고 있고 구체화되고 있는 현실의 이야기예요. 아까 잠깐 중국의 우주개발을 이야기했는데, 중국은 지금 양으로 봤을 때 미국을 앞질러도 한참을 앞질렀습니다. 우리도 서두르지 않으면 뒤처지는 상황에 부닥쳤어요. 더 적극적으로 마주해야 하지 않나 싶습니다.

연― 우주에 다녀온 지 10년. 저한테는 10주년이 큰 의미인데 다른 분들도 그렇게 생각하실까 하는 의문이 들어서 한국에 오는 것도 매우 두려웠습니다. 남편도 괜히 갔다가 행복하게 10주년을 마무리하지 못하고 힘겹게 돌아오면 어떡하냐며 걱정했어요. 하지만 저는 대한민국 우주인이고 대한민국 국민이니까, 이 시간을 대한민국에서 함께하고 싶었습니다.

원― 우리나라가 가진 최고의 자원은 인적 자원입니다. 그런데 그런 말을 귀에 못이 박히도록 들었는데 그것을 잘 못 쓰고 있다는 생각이 드는 시간이었습니다. 오랜 시간 감사합니다!

연― 저도 너무 즐거웠습니다. 감사합니다!